Die Sammlung
„Aus Natur und Geisteswelt"

nunmehr über 800 Bände umfassend, bietet wirkliche „Einführungen" in abgeschlossene Wissensgebiete für den Unterricht oder Selbstunterricht des Laien nach den heutigen methodischen Anforderungen und erfüllen so ein Bedürfnis, dem weder umfangreiche Enzyklopädien, noch skizzenhafte Abrisse entsprechen können. Die Bände wollen jedem geistig Mündigen die Möglichkeit schaffen, sich ohne besondere Vorkenntnisse an sicherster Quelle, wie sie die Darstellung durch berufene Vertreter der Wissenschaft bietet, über jedes Gebiet der Wissenschaft, Kunst und Technik zu unterrichten. Sie wollen ihn dabei zugleich unmittelbar im Beruf fördern, den Gesichtskreis erweiternd, die Einsicht in die Bedingungen der Berufsarbeit vertiefend.

Die Sammlung bietet aber auch dem Fachmann eine rasche zuverlässige Übersicht über die sich heute von Tag zu Tag weitenden Gebiete des geistigen Lebens in weitestem Umfang und vermag so vor allem auch dem immer stärker werdenden Bedürfnis des Forschers zu dienen, sich auf den Nachbargebieten auf dem laufenden zu erhalten. In den Dienst dieser Aufgaben haben sich darum auch in dankenswerter Weise von Anfang an die besten Namen gestellt, gern die Gelegenheit benutzend, sich an weiteste Kreise zu wenden.

Seit Herbst 1925 ist eine Neuerung insofern eingetreten, als neben den Bänden im bisherigen Umfange solche in erweitertem, etwa anderthalbfachem zu 1 $^1/_2$ fachem Preise ausgegeben werden, weil abgeschlossene Darstellungen größerer Gebiete auf beschränkterem Raume heute schwer möglich sind. Diese Bände, die die Nummern von 1001 ab tragen, erscheinen, um die Einheitlichkeit der Sammlung zu wahren, in der gleichen Ausstattung wie die übrigen Bände. Sie sind nur auf dem Rückentitel durch je ein Sternchen über und unter der Nummer besonders gekennzeichnet.

Alles in allem sind die schmucken, gehaltvollen Bände besonders geeignet, die Freude am Buche zu wecken und daran zu gewöhnen, einen Betrag, den man für Erfüllung körperlicher Bedürfnisse nicht anzusehen pflegt, auch für die Befriedigung geistiger anzuwenden.

<u>Jeder der meist reich illustrierten Bände</u>
<u>ist in sich abgeschlossen und einzeln käuflich</u>

Springer Fachmedien Wiesbaden GmbH

Ein vollständiges nach Wissenschaftsgebieten geordnetes Verzeichnis versendet auf Wunsch der Verlag, Leipzig, Poststraße 3/5

Bisher sind erschienen
zur Technik und mechanischen Industrie:

Geschichte und Grundlagen der Technik.

Schöpfungen der Ingenieurtechnik der Neuzeit. Von Ober- u. Geh. Reg.-Rat M. Geitel. 2. Aufl. Mit 32 Abbildungen. (Bd. 28.)

Einführung in die Technik. Von Geh. Reg.-Rat Prof. Dr. H. Lorenz. Mit 77 Abb. im Text. (Bd. 729.)

Mechanik.

Mechanik. Von Prof. Dr. G. Hamel. I. Grundbegriffe der Mechanik. Mit 38 Figuren. *II. Mechanik der festen Körper. *III. Mechanik der flüssigen u. luftförmigen Körper. (Bd.684 so.)

Aufgaben aus der technischen Mechanik. Für den Schul- und Selbstunterricht. Von Prof. A. Schmitt. I. Bewegungslehre, Statik und Festigkeitslehre. 2. Aufl. 240 Aufgaben und Lösungen, mit zahlreichen Figuren im Text. (Bd. 558.) II. Dynamik und Hydraulik. 2. Aufl. besorgt von Studiendirektor Prof. Dr. G. Wiegner. 198 Aufgaben und Lösungen mit zahlreichen Figuren im Text. (Bd. 558/559.)

Statik. Von Gewerbeschulrat Oberstudiendirektor A. Schau. 2. Aufl. Mit 112 Fig. (Bd.328.)

Festigkeitslehre. Von Gewerbeschulrat Oberstudiendirektor A. Schau. 2. Aufl. Mit 119 Fig. (Bd. 329.)

Einführung in die technische Wärmelehre (Thermodynamik). Von Geh. Bergrat Prof. A. Vater. 3. Auflage bearbeitet von Prof. Dr. F. Schmidt. Mit 46 Abbildungen im Text. (Bd. 516.)

Praktische Thermodynamik. Aufgaben und Beispiele zur technischen Wärmelehre. Von Geh. Bergrat Prof. A. Vater. 2. Aufl. herausg. v. Prof. Dr. Fr. Schmidt. Mit 40 Abb. im Text und auf 3 Tafeln. (Bd. 596.)

Bergbau, Hüttenwesen und mechanische Technologie

Unsere Kohlen. Von Bergassessor Privatdozent Dr. P. Kukuk. 3. Aufl. Mit 55 Abb. im Text und auf 3 Tafeln. (Bd. 396.)

***Das Eisenhüttenwesen.** Von Geh. Bergrat Prof. Dr. H. Wedding. 7. Aufl. von Diplom-Ing. Bergassessor H. W. Wedding. Mit zahlr. Abb. (Bd. 20.)

Maschinenelemente. Von Geh. Bergrat Prof. A. Vater. 4., erw. Aufl. bearbeitet von Prof Dr. F. Schmidt. Mit 183 Abb. (Bd. 301.)

Hebezeuge. Hilfsmittel zum Heben fester, flüssiger und gasförmiger Körper. Von Geh. Bergrat Prof. A. Vater. 3., erw. Aufl. bearb. von Prof. Dr. Fr. Schmidt. Mit 75 Abb. im Text. (Bd. 196.)

Die Fördermittel. Einrichtungen zum Fördern von Massengütern und Einzellasten in industriellen Betrieben. Von Oberingenieur O. Bechstein. Mit 74 Abb. im Text. (Bd. 72e.)

***Das Holz,** seine Bearbeitung und seine Verwendung. Von Prof. J. Großmann, Oberinspektor der Lehrwerkstätten für Holzbearbeitung in München. 2. Aufl. Mit Originalabb. im Text. (Bd. 473.)

Die Spinnerei. Von Direktor Prof. M. Lehmann. Mit 35 Abbildungen. (Bd. 338.)

Maschinenlehre.

Die Dampfmaschine. Von Geh. Bergrat Prof. A. Vater. 2 Bde. I. Bd.: Wirkungsweise des Dampfes im Kessel und in der Maschine 5. Aufl. Von Prof. Dr. F. Schmidt. Mit 38 Abb. II. Bd.: Ihre Gestaltung und ihre Verwendung. 4. Aufl. Von Prof. Dr. F. Schmidt. Mit 94 Abb. (Bd. 393/94.)

Die neueren Wärmekraftmaschinen. Von Geh. Bergrat Prof. A. Vater. 2 Bände. I. Bd.: Einführung in die Theorie und den Bau der Gasmaschinen. 6. Aufl. Von Prof Dr. F. Schmidt. Mit 45 Abb. (Bd. 21.) II. Bd.: Gaserzeuger, Großgasmaschinen, Dampf- u. Gasturbinen. 5. Aufl. bearb. von Prof. Dr. F. Schmidt. Mit 40 Abb. (Bd. 86.)

Wasserkraftausnutzung und Wasserkraftmaschinen. Von Dr.-Ing. F. Lawaczek. Mit 57 Abb. (Bd. 712.)

***Landwirtschaftliche Maschinenkunde.** Von Geh. Reg.-Rat Prof. Dr. G. Fischer Mit zahlr. Abbildungen 2 Auflage. (Bd. 716.)

Elektrotechnik.

Grundlagen der Elektrotechnik. Von Oberingenieur R. Rotth. 3. Aufl. Mit 70 Abb. (Bd. 391.)
Die elektrische Kraftübertragung. Von Ing. P. Köhn. 2. Aufl. Mit 139 Abb. (Bd. 424.)
Drähte und Kabel, ihre Anfertigung und Anwendung in der Elektrotechnik. Von Telegraphendirektor H. Brick. 2. Aufl. Mit 43 Abb. (Bd. 285.)
Die Telegraphen- und Fernsprechtechnik in ihrer Entwicklung. Von Telegraphendirektor H. Brick. 2. Aufl. Mit 65 Abb. (Bd. 235.)
Das Telegraphen- und Fernsprechwesen. 2. Aufl. Von Abteilungsdirektor Otto Sieblist. (Bd. 183.)
Die drahtlose Telegraphie und Telephonie. Ihre Grundlagen und Entwicklung. Von Studienrat Dr. P. Fischer. Mit 48 Abb. m. Text. (Bd. 822.)

Hausbau und Wohnungswesen.

Der Eisenbetonbau. Von Dipl.-Ing. E. Haimovici. 2. Aufl. Mit 82 Abbildungen im Text sowie 8 Rechnungsbeispielen. (Bd. 275.)
Wohnungswesen. Von Prof. Dr. R. Eberstadt. Mit 11 Abb. im Text. (Bd. 709.)

Verkehrstechnik.

Das Eisenbahnwesen. Von Eisenbahnbau- und Betriebsinspektor a. D. Dr.-Ing. E. Biedermann. 3., verb. Aufl. Mit 62 Abbildungen. (Bd. 144.)
Die Klein- und Straßenbahnen. Von Oberingenieur a. D. Oberlehrer R. Liebmann. Mit 85 Abb. (Bd. 322.)
Nautik. Von Direktor Dr. J. Möller. 2. Aufl. Mit 64 Fig. im Text u. 1 Seekarte. (Bd. 255.)

Graphische und Fein-Industrie.

*****Wie ein Buch entsteht.** Von Reg.-Rat Professor R. W. Unger. 6. Aufl. Mit zahlr. Tafeln und Abbildungen im Text. (Bd. 1002†.)
Die Schmucksteine und die Schmuckstein-Industrie. Von Dr. R. Eppler. Mit 64 Abbildungen. (Bd. 376.)
Die Uhr. Grundlagen und Technik der Zeitmessung. Von Prof. Dr.-Ing. H. Bock. 2., umgearbeitete Auflage. Mit 55 Abbildungen im Text. (Bd. 216.)
Die Rechenmaschinen und das Maschinenrechnen. Von Reg.-Rat Dipl.-Ing. R. Lenz. (2. Aufl. erschien außerhalb der Sammlung.)
Die Schreibmaschine und das Maschinenschreiben. Von Berufsschulleiter H. Scholz. Mit 30 Leitfig. (Bd. 694.)

Zeichnen.

*****Der Weg zur Zeichenkunst.** Von Oberstudiendir. Dr. E. Weber. 4. Aufl. Mit zahlr. Abb. (Bd. 430.)
Grundzüge der Perspektive nebst Anwendungen. Von Geh. Reg.-Rat Prof. Dr. K. Doehlemann. 2. verb. Aufl. Mit 91 Fig. u. 11 Abb. (Bd. 510.)
Geometrisches Zeichnen. Von akad. Zeichenlehrer A. Schudeisky. Mit 172 Abb. im Text und auf 12 Tafeln. (Bd. 568.)
Projektionslehre. Die rechtwinkl. Parallelprojektion und ihre Anwendung auf die Darstellung techn. Gebilde nebst Anhang über die schiefwinkl. Parallelprojektion in kurzer leichtfaßlicher Darstell. für Selbstunterricht und Schulgebrauch. Von akad. Zeichenlehrer A. Schudeisky. 2. Aufl. Mit 165 Fig. im Text. (Bd. 564.)
Maße und Messen. Von Dr. W. Block. Mit 34 Abb. (Bd. 385.)

†) Bände ab 1000 erscheinen in erweitertem Umfang.

Die mit * bezeichneten und weitere Bände befinden sich in Vorbereitung.

Aus Natur und Geisteswelt
Sammlung wissenschaftlich=gemeinverständlicher Darstellungen

504. Band

Analytische Geometrie der Ebene
zum Selbstunterricht

Von
Prof. Paul Crantz
weil. Geheimer Studienrat

Vierte Auflage
durchgesehen von
Dr. M. Hauptmann
Studienrat an der Höheren Maschinenbauschule
der Stadt Leipzig

Mit 55 Figuren im Text

Springer Fachmedien Wiesbaden GmbH 1926

ISBN 978-3-663-15662-8   ISBN 978-3-663-16239-1 (eBook)
DOI 10.1007/978-3-663-16239-1

Schutzformel für die Vereinigten Staaten von Amerika:
Copyright 1926 by Springer Fachmedien Wiesbaden

Ursprünglich erschienen bei B.G. Teubner in Leipzig 1926.

Alle Rechte, einschließlich des Übersetzungsrechts, vorbehalten

Vorwort zur ersten bis dritten Auflage.

Wie die früher von mir bearbeiteten Bändchen über Elementarmathematik (Arithmetik und Algebra [ANuG Bd. 120 und 205], Planimetrie [ANuG Bd. 340] und Trigonometrie [ANuG Bd. 431]), so will auch das vorliegende in leichtverständlicher, jedoch streng wissenschaftlicher Weise in den behandelten Stoff einführen. Zahlreiche, ausführlich gelöste Aufgaben sollen das Verständnis erleichtern und zur selbständigen Lösung von Aufgaben anleiten.

Bei der zweiten Auflage konnten die Wünsche der Herren Rezensenten fast durchweg Berücksichtigung finden. Allerdings war es aus Raummangel nicht möglich, die aus der Planimetrie benutzten Lehrsätze, wie den Satz des Pascal, breiter auszuführen. Einige weniger klare Zeichnungen wurden durch bessere ersetzt.

Berlin-Friedenau. **P. Crantz.**

Vorwort zur vierten Auflage.

Die dritte Auflage von 1922 war ein unveränderter Abdruck der zweiten. Inzwischen ist der verdienstvolle Schulmann aus einem arbeitsreichen Leben geschieden. Ich habe das Bändchen, das nach Anlage, Inhalt und Leichtverständlichkeit der Sprache von allen Beurteilern uneingeschränkte Anerkennung erfuhr, genau durchgesehen und die zahlreichen Aufgaben nochmals durchgerechnet. Zu Änderungen fand ich nur wenig Anlaß; die Lösungen der Aufgaben waren durchweg richtig.

Leipzig, September 1926. **M. Hauptmann.**

Inhalt.

Erster Abschnitt.
Bestimmung von Punkten, Strecken und Flächen durch rechtwinklige Koordinaten.

- § 1. Bestimmung der Lage eines Punktes auf einer Geraden . 5
- § 2. Das rechtwinklige Koordinatensystem. Bestimmung der Lage v. Punkten in einer Ebene 6
- § 3. Berechnung der Koordinaten eines Punktes mit Hilfe der Koordinaten gegebener Punkte 9
- § 4. Berechnung der Länge von Strecken und des Inhalts geradlinig begrenzter Figuren durch die Koordinaten der End- bzw. Eckpunkte 10
- § 5. Änderung der Koordinaten eines Punktes durch Parallelverschiebung des Systems . . 13

Zweiter Abschnitt.
Die Funktion und ihre Darstellung.

- § 6. Der Funktionsbegriff . . 15
- § 7. Darstellung einer Funktion 16
- § 8. Darstellung geometrischer Gebilde durch eine Gleichung zwischen zwei Veränderlichen 18

Dritter Abschnitt.
Die gerade Linie.

- § 9. Die Gleichung ersten Grades zwischen zwei Veränderlichen 19
- § 10. Die Bedeutung der Konstanten in der Normalform 20
- § 11. Die Gleichung einer Geraden, die eine bestimmte Bedingung erfüllt 22
- § 12. Zwei Gerade 24

Vierter Abschnitt.
Der Kreis.

- § 13. Erklärung und Gleichung des Kreises 28
- § 14. Die Tangenten des Kreises 31
- § 15. Schnittpunkte von Kreisen u. Geraden. Der Winkel, unter dem zwei Kreise sich schneiden 34

Fünfter Abschnitt.
Die Parabel.

- § 16. Erklärung u. Gestalt d. P. 36
- § 17. Die Gleichung der Parabel 38
- § 18. Tangente, Normale, Subtangente und Subnormale . 40
- § 19. Schnitte der Parabel mit anderen Linien 44
- § 20. Durchmesser der Parabel 44
- § 21. Lage d. Tangente u. Norm. 3. Durchmesser u. Radiusvektor 47

Sechster Abschnitt.
Die Ellipse.

- § 22. Erklärung u. Gestalt d. E. 49
- § 23. Die Gleichung der Ellipse 51
- § 24. Hauptkreis u. Inhalt d. E. 55
- § 25. Tangente u. Normale d. E. 57
- § 26. Die Radienvektoren u. ihre Lage zur Tangente u. Normale 60
- § 27. Durchmesser der Ellipse . 61

Siebenter Abschnitt.
Die Hyperbel.

- § 28. Erklärung u. Gestalt d. H. 67
- § 29. Die Gleichung der Hyperbel 69
- § 30. Die Tangente und ihre Lage zu den Vektoren . . 73
- § 31. Die Hyperbel und eine sie schneidende Gerade . . . 74

Achter Abschnitt.
Koordinatensysteme und Koordinatenverwandlung.

- § 32 Das schiefwinklige Koordinatensystem 76
- § 33. D. Polarkoordinatensystem 78
- § 34. Verwandl. d. Koordinaten 79

Neunter Abschnitt.
Parabel, Ellipse und Hyperbel.

- § 35. Parabel, Ellipse und Hyperbel als Kegelschnitte . 82
- § 36. Die Kegelschnitte als Zentralprojektionen des Kreises . 87
- § 37. Die Scheitelgleichungen der Kegelschnitte 92
- § 38. Die Polargleichung der Kegelschnitte 94

Erster Abschnitt.
Bestimmung von Punkten, Strecken und Flächen durch rechtwinklige Koordinaten.
§ 1. Bestimmung der Lage eines Punktes auf einer Geraden.

1. Ist auf einer Geraden X_1X (Fig. 1) die Lage eines Punktes O bekannt, so kann man die Lage eines jeden anderen Punktes P der Geraden durch zwei Angaben bestimmen. Man hat erstens anzugeben, wie groß, mit einer bestimmten Einheit gemessen,

Fig. 1.

die Entfernung dieses Punktes von dem durch seine Lage bekannten Punkt O ist. Es ist leicht einzusehen, daß durch diese Angabe die Lage des Punktes noch doppeldeutig bestimmt ist, denn sowohl links wie rechts von O gibt es einen Punkt, der um die angegebene Strecke von O entfernt ist. Es muß daher zur eindeutigen Bestimmung der Lage des Punktes zweitens noch angegeben werden, auf welcher Seite von O der zu bestimmende Punkt liegt. Diese Angabe wird nach Übereinkunft durch ein Vorzeichen gemacht, das man vor die Größe (Maßzahl, Strecke) setzt, welche die Entfernung des zu bestimmenden Punktes von dem festen Punkt O angibt. Man hat hierbei willkürlich festgesetzt, daß ein positives Vorzeichen andeuten soll, daß der Punkt rechts von O liegt, ein negatives, daß er sich auf der linken Seite von O befindet.

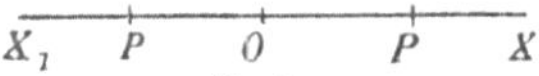

Die **mit** dem Vorzeichen versehene Größe, welche die Lage eines Punktes auf der Geraden eindeutig bestimmt, nennt man die **Abszisse** des Punktes.

Die Abszisse eines Punktes wird gewöhnlich durch x bezeichnet. Man beachte aber wohl, daß also x die **mit** dem die Lage andeutenden Vorzeichen versehene Entfernung des Punktes von O bedeutet.

Führt man für x bestimmte Zahlenwerte ein, so läßt man in der Regel die Benennung (cm, m) fort und setzt $x=+3$, $x=-7$ usw. Ist für einen Punkt $x=+3$, so liegt er drei Einheitsstrecken (cm, m) rechts von O, ist $x=-7$, so befindet er sich sieben Einheitsstrecken links von O.

6 I Beſtimmung von Punkten, Strecken u. Flächen durch rechtwinkl. Koord

Sind gleichzeitig die Lagen mehrerer Punkte $P_1, P_2, P_3 \ldots$ zu beſtimmen, ſo bezeichnet man ihre Abſziſſen durch $x_1, x_2, x_3 \ldots$

2. Beſtimmung der Entfernung zweier Punkte. Liegen auf der Geraden $X_1 X$ (Fig. 2), auf der ſich der feſte Punkt O befindet, zwei Punkte P_1 und P_2, deren Abſziſſen x_1 und x_2 ſind ($x_1 > x_2$), ſo iſt die Entfernung beider Punkte voneinander

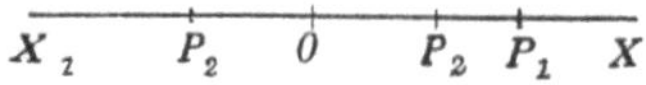

$X_2 \quad\quad P_2 \quad O \quad\quad P_2 \quad P_1 \quad X$

Fig. 2.

$P_1 P_2 = x_1 - x_2$. Die Richtigkeit dieſer Gleichung erkennt man leicht aus der Figur, wenn beide Punkte auf derſelben Seite von O liegen. Die gefundene Gleichung gilt aber auch, wenn die Punkte ſich auf verſchiedenen Seiten des Punktes O befinden, alſo P_2 etwa links von O (Fig. 2) liegt. Da in 1. geſagt iſt, daß unter x_1 und x_2 ſtets die Entfernung von O mit dem die Lage andeutenden Vorzeichen verſtanden werden ſoll, ſo iſt dann x_2 eine negative Größe. Es ſtellt alſo die Differenz $x_1 - x_2$ eine Summe dar, wie es ſein muß. Die Entfernung der beiden Punkte P_1 und P_2 voneinander kann man alſo ſtets durch die Differenz ihrer Abſziſſen ausdrücken.

§ 2. Das rechtwinklige Koordinatenſyſtem.
Beſtimmung der Lage von Punkten in einer Ebene.

1. Das rechtwinklige Koordinatenſyſtem. Errichtet man auf der Geraden $X X_1$ (Fig. 3) in dem auf ihr als feſt angenommenen Punkte O die Senkrechte $Y Y_1$, ſo kann man auf dieſer genau ſo, wie es in § 1 für $X X_1$ auseinandergeſetzt wurde, die Lage eines jeden Punktes beſtimmen, wenn man auch auf ihr den Punkt O als feſten Punkt betrachtet. Man hat nur zu vereinbaren, welche Lage des Punktes durch die Vorzeichen angegeben werden ſoll. Es iſt nun feſtgeſetzt worden, daß ein poſitives Vorzeichen bedeutet, daß der Punkt oberhalb von $X X_1$ liegt, ein negatives dagegen, daß er ſich unterhalb dieſer Geraden befindet.

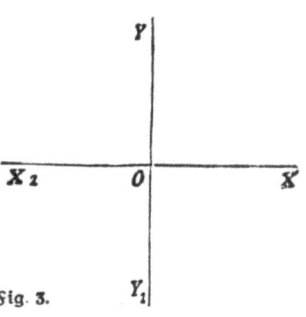

Fig. 3.

Die mit dem Vorzeichen verſehene Größe, welche die Lage eines Punktes auf $Y Y_1$ eindeutig beſtimmt, nennt man die **Ordinate** des Punktes.

Man bezeichnet die Ordinate eines Punktes durch y. Wieder ist hierbei zu beachten, daß y die **mit dem die Lage andeutenden Vorzeichen versehene Entfernung des Punktes von O bedeutet**. Ist für einen Punkt $y = +5$, so liegt er auf YY_1 fünf Einheiten oberhalb von O, ist $y = -8$, so liegt er acht Einheiten unterhalb dieses Punktes.

Sind gleichzeitig die Lagen mehrerer Punkte auf YY_1 zu bestimmen, so bezeichnet man ihre Ordinaten durch y_1, y_2, y_3 ...

Von den beiden aufeinander senkrechten Geraden XX_1 und YY_1 sagt man, sie bilden ein **rechtwinkliges Koordinatensystem**, und nennt beide mit gemeinsamem Namen die **Koordinatenachsen**. Der Punkt O, in dem sie sich schneiden, heißt der **Anfangspunkt des Systems**. Die Gerade XX_1 nennt man die **Abszissenachse** oder **X-Achse**, die Gerade YY_1 die **Ordinatenachse** oder **Y-Achse**.

2. Bestimmung der Lage eines Punktes in der Ebene. Zeichnet man in einer Ebene, in der sich ein Punkt P (Fig. 4) befindet, ein rechtwinkliges Koordinatensystem, so kann man durch den Punkt zu den beiden Achsen des Systems die Parallelen ziehen. Die eine dieser Parallelen schneidet auf der Abszissenachse eine Strecke $OQ = x$ ab, welche man die Abszisse des Punktes P der Ebene nennt. Durch die zweite Parallele wird auf der Ordinatenachse eine Strecke $OR = y$ abgeschnitten, welche die Ordinate des Punktes P heißt.

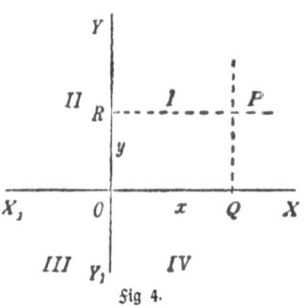

Fig. 4.

Da man durch einen Punkt zu einer Geraden nur eine Parallele ziehen kann, so erkennt man:

Durch jeden Punkt der Ebene wird gleichzeitig eine Abszisse und eine Ordinate eindeutig bestimmt.

Diese Abszisse und Ordinate nennt man mit gemeinsamem Namen die **Koordinaten des Punktes P**.

Man pflegt den Punkt P, dessen Koordinaten x und y sind, durch $P(x, y)$ zu bezeichnen. Hierbei wird stets die Abszisse an die erste Stelle gesetzt. Der Punkt $P(5, 7)$ ist also ein Punkt, dessen Abszisse 5 und dessen Ordinate 7 ist.

Die beiden beliebig langen Koordinatenachsen teilen die Ebene in vier völlig voneinander getrennte Teile, die man **die vier Quadranten** zu nennen pflegt. Den Quadranten, der von den beiden positiven Richtungen der Achsen begrenzt ist, nennt man den ersten Quadranten. In diesem Quadranten liegt in Fig. 4 der Punkt P. Die anderen Quadranten nennt man, indem man, vom ersten ausgehend, die Ebene im positiven Drehungssinne[1]) durchwandert, den zweiten, dritten und vierten Quadranten. In der Figur ist dies durch die römischen Ziffern angedeutet. In jedem der vier Quadranten besitzen die Koordinaten der Punkte eine besondere Vorzeichenzusammenstellung. Im ersten Quadranten sind x und y positiv, im zweiten Quadranten ist x negativ und y positiv, im dritten sind beide Koordinaten negativ, und im vierten ist x positiv und y negativ.

Wie ein Punkt der Ebene in dem rechtwinkligen Koordinatensystem ein Koordinatenpaar, d. h. eine Abszisse und eine Ordinate eindeutig bestimmt, so bestimmt auch umgekehrt ein Koordinatenpaar eindeutig einen Punkt der Ebene. Man hat nur die Koordinaten auf den entsprechenden Achsen abzutragen und dann durch die Endpunkte der abgetragenen Strecken die Parallelen zu den Achsen zu ziehen. Der Schnittpunkt dieser Parallelen ist der fragliche Punkt. Will man z. B. den Punkt $P\,(3, -5)$ zeichnen, so trägt man auf der positiven (rechten) Seite der Abszissenachse von O aus dreimal hintereinander die Einheitsstrecke ab bis Q, dann auf der negativen (unteren) Seite der Ordinatenachse von O aus fünfmal hintereinander dieselbe Einheitsstrecke bis R. Zieht man nun durch Q und R die Parallelen zu den Achsen, so ist der Schnittpunkt dieser Linien der gesuchte Punkt P.

3. Bestimmung geradlinig begrenzter Figuren durch die Koordinaten ihrer Eckpunkte. Jede geradlinig begrenzte Figur ist vollständig bestimmt, wenn die Lage ihrer aufeinanderfolgenden Ecken bekannt ist. Sind also die Eckpunkte einer solchen Figur durch ihre Koordinaten gegeben, so hat man zunächst nach den vorher gemachten Angaben diese Punkte zu konstruieren. Verbindet man hierauf diese Punkte geradlinig, so hat man die Figur gezeichnet.

Man zeichne 1. das Dreieck, dessen Ecken $A\,(2,3)$, $B\,(12,5)$ und $C\,(5, 10)$ sind, 2. das Dreieck mit den Ecken $A\,(10, 2)$, $B\,(-2, 6)$ und $C\,(-5, -7)$.

---

[1]) Der Sinn (gegen den Uhrzeiger), in dem OX durch den 1. Quadranten hindurch in OY übergeführt wird.

§ 3. Berechnung der Koordinaten eines Punktes mit Hilfe der Koordinaten gegebener Punkte.

1. Bestimmung des Mittelpunktes einer Strecke. $P_1(x_1, y_1)$ und $P_2(x_2, y_2)$ seien die Endpunkte einer Strecke, x_3 und y_3 die zu berechnenden Koordinaten ihres Mittelpunktes P_3. Zeichnet man die Figur (Fig. 5), so ist aus derselben leicht zu erkennen, daß x_3 die Mittellinie eines Trapezes ist, dessen parallele Seiten x_1 und x_2 sind, ebenso ist y_3 die Mittellinie eines Trapezes mit den parallelen Seiten y_1 und y_2. Da nun die Mittellinie eines Trapezes gleich der halben Summe der parallelen Seiten ist, so findet man für die **Koordinaten des Mittelpunktes der Strecke** $P_1 P_2$

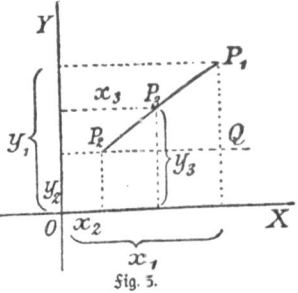

Fig. 5.

$$x_3 = \frac{x_1 + x_2}{2} \text{ und } y_3 = \frac{y_1 + y_2}{2}.$$

Beispiele. Sind die Endpunkte einer Strecke $P(4, 7)$ und $P(6, 11)$, so ist $P(5, 9)$ ihr Mittelpunkt. Sind die Endpunkte $P(-3, 8)$ und $P(7, -14)$, so ist der Mittelpunkt $P(2, -3)$.

2. Bestimmung eines Teilpunktes einer Strecke. Aus der Planimetrie ist bekannt, daß man von jedem Punkt, der auf der durch die Punkte P_1 und P_2 bestimmten Geraden liegt, sagt, er teile die Strecke $P_1 P_2$. Man unterscheidet hierbei zwei Arten der Teilung. Liegt der Teilpunkt P_3 auf der Strecke selbst, so sagt man, er teile die Strecke **innerlich**, und nennt $P_1 P_3$ und $P_3 P_2$ die Teile der Strecke. Wenn aber P_3 auf der Verlängerung der Strecke $P_1 P_2$ liegt, so sagt man, er teile die Strecke **äußerlich**, nennt aber wieder die Teile $P_1 P_3$ und $P_3 P_2$. Wir behandeln nun zunächst die folgende

Aufgabe 1. Die Koordinaten des Punktes P_3 zu bestimmen, der die Strecke $P_1 P_2$ **innerlich** so teilt, daß $P_1 P_3 : P_3 P_2 = n_1 : n_2$ ist.

Lösung (Fig. 6). Legt man durch P_2 die Parallele zur Abszissenachse, so findet man aus dem dadurch entstehenden zweistrahligen Büschel, dessen Scheitel P_2 ist, nach dem Strahlensatz

$$\frac{x_1 - x_2}{x_3 - x_2} = \frac{P_1 P_3}{P_3 P_2} = \frac{n_1}{n_2}.$$

10 I. Bestimmung von Punkten, Strecken u. Flächen durch rechtwinkl. Koord.

Hieraus ergibt sich durch einfache Rechnung
$$x_3 = \frac{n_1 x_2 + n_2 x_1}{n_1 + n_2}.$$

Ähnlich findet man nach dem zweiten Teile des Strahlensatzes
$$y_3 = \frac{n_1 y_2 + n_2 y_1}{n_1 + n_2}.$$

Bemerkung. In den für x_3 und y_3 gefundenen Formeln sind die Formeln für die Koordinaten des Mittelpunktes der Strecke als besonderer Fall enthalten. Für den Mittelpunkt ist $n_1 = n_2$. Setzt man dies in die obigen Formeln ein, so findet man das in 1. erhaltene Ergebnis.

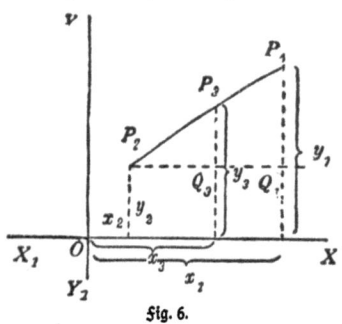
Fig. 6.

Beispiel. Die Ecken eines Dreiecks sind P_1 (2, 4), P_2 (8, 2) und P_3 (11, 6). Die Koordinaten des Schwerpunktes zu bestimmen.

Lösung. Man bestimmt den Mittelpunkt der Seite $P_1 P_2$ und findet M (5, 3), dann bestimmt man die Koordinaten des Punktes S, der MP_3 so teilt, daß $MS : SP_3 = 1 : 2$ ist. Man findet S (7, 4).

Aufgabe 2. Die Koordinaten des Punktes P_3 zu bestimmen, der die Strecke $P_1 P_2$ **äußerlich** so teilt, daß $P_1 P_3 : P_3 P_2 = n_1 : n_2$ ist.

Ähnlich wie bei Aufgabe 1 findet man
$$x_3 = \frac{n_1 x_2 - n_2 x_1}{n_1 - n_2} \text{ und } y_3 = \frac{n_1 y_2 - n_2 y_1}{n_1 - n_2}.$$

§ 4. Berechnung der Länge von Strecken und des Inhalts geradlinig begrenzter Figuren durch die Koordinaten der End- bzw. Eckpunkte.

1. Die Länge einer Strecke. Die Strecke, deren Länge berechnet werden soll, sei $P_1 P_2$ (Fig. 6). Man fällt von den Endpunkten der Strecke die Senkrechten auf die Abszissenachse und zieht dann durch den einen Endpunkt, etwa P_2, die Parallele zu der Abszissenachse. Es entsteht dann ein rechtwinkliges Dreieck $P_2 Q_1 P_1$, dessen Katheten $x_1 - x_2$ und $y_1 - y_2$ sind. Wendet man auf dieses Dreieck den Lehrsatz des Pythagoras an, so findet man

$$P_1 P_2 = \sqrt{(x_1 - x_2)^2 + (y_1 - y_2)^2}.$$

§ 4. Länge einer Strecke. Dreiecksinhalt

Beispiel. Die Ecken eines Dreiecks sind $A(10, 8)$, $B(-2, 4)$ und $C(6, 2)$. Wie lang sind die Seiten?

Lösung. $AB = \sqrt{(10+2)^2 + (8-4)^2} = 4\sqrt{10}$, $BC = 2\sqrt{17}$, $AC = 2\sqrt{13}$.

Bemerkung. Bei der Berechnung der Länge der Strecke ist es gleichgültig, in welcher Folge man die Koordinaten der Ecken subtrahiert. Die Differenzen unterscheiden sich nur durch das Vorzeichen, und dieser Unterschied fällt bei dem Quadrieren fort.

2. Der Inhalt des Dreiecks. Fällt man von den Ecken des Dreiecks $P_1 P_2 P_3$ (Fig. 7) die Senkrechten auf die Abszissenachse, so kann man den Inhalt des Dreiecks als die algebraische Summe der Inhalte dreier Trapeze darstellen. Es ist

$$\triangle P_1 P_2 P_3 = F = P_1 P_2 Q_2 Q_1 + P_2 P_3 Q_3 Q_2 - P_1 P_3 Q_3 Q_1.$$

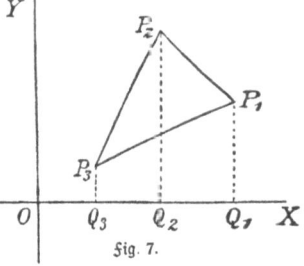

Fig. 7.

In diesen Trapezen sind die parallelen Seiten gleich den Ordinaten der Ecken, während sich die Höhen durch Differenzen der Abszissen darstellen lassen. Man findet daher

$$\begin{aligned} F &= \tfrac{1}{2}(x_1 - x_2)(y_1 + y_2) + \tfrac{1}{2}(x_2 - x_3)(y_2 + y_3) \\ &\quad - \tfrac{1}{2}(x_1 - x_3)(y_1 + y_3) \\ &= \tfrac{1}{2}(x_1 y_1 - x_2 y_1 + x_1 y_2 - x_2 y_2 + x_2 y_2 - x_3 y_2 + x_2 y_3 \\ &\quad - x_3 y_3 - x_1 y_1 + x_3 y_1 - x_1 y_3 + x_3 y_3) \\ &= \tfrac{1}{2}[x_1(y_2 - y_3) + x_2(y_3 - y_1) + x_3(y_1 - y_2)]. \end{aligned}$$

Berechnet man nach der soeben gefundenen Formel den Inhalt des Dreiecks, dessen Ecken die Punkte $P_1(2, 3)$, $P_2(8, 1)$ und $P_3(6, 9)$ sind, so findet man 22 Flächeneinheiten. Wenn man aber in derselben Weise den Inhalt des Dreiecks berechnet, dessen Ecken $P_1(2, 3)$, $P_2(4, 7)$ und $P_3(6, 1)$ sind, so liefert die Rechnung das überraschende Ergebnis — 10. Einen negativen Wert kann der Inhalt eines Dreiecks nicht besitzen. Wir sind daher gezwungen, nach der Ursache dieses negativen Ergebnisses zu suchen. Zeichnet man das Dreieck nach den gegebenen Koordinaten, so bemerkt man, daß in demselben nicht, wie in der zur Herleitung der Formel benutzten Figur, die Punkte P_1, P_2 und P_3 im positiven Drehungssinn aufeinander folgen, d. h. in der Richtung, welche der Richtung, in der ein Uhrzeiger sich bewegt, entgegengesetzt ist, sondern daß P_2 und P_3 ihre Plätze vertauscht haben.

12 I. Bestimmung von Punkten, Strecken u. Flächen durch rechtwinkl. Koord.

Man wäre daher bei Benutzung dieses Dreiecks zur Herleitung der Formel auf die Gleichung
$$F = \tfrac{1}{2}[x_1(y_3 - y_2) + x_3(y_2 - y_1) + x_2(y_1 - y_3)]$$
gekommen, welche für den Inhalt des Dreiecks den Wert $+10$ ergibt. Setzt man in der zuletzt erhaltenen Formel -1 vor die Klammer, so erhält man in der eckigen Klammer denselben Ausdruck wie in der zuerst gefundenen Gleichung. Man nimmt daher als **Formel für den Inhalt des Dreiecks**

$$F = \pm \tfrac{1}{2}[x_1(y_2 - y_3) + x_2(y_3 - y_1) + x_3(y_1 - y_2)].$$

In dieser Formel benutzt man das positive Vorzeichen, wenn nach Einsetzung der gegebenen Werte der Klammerausdruck positiv wird, das negative Vorzeichen aber nimmt man, wenn der Klammerausdruck einen negativen Wert bekommt.

Bemerkung. Für das leichtere Einprägen der erhaltenen Dreiecksformel sei folgendes bemerkt. Schreibt man die Indizes des ersten Summanden der Formel so an drei Punkte eines Kreises, daß sie im positiven Drehungssinn aufeinander folgen, so kommt man, wenn man von dem durch 2 bezeichneten Punkt ausgehend den Kreis im positiven Drehungssinn umwandert, auf die Indizes in der Folge, wie sie im zweiten Summanden stehen. Geht man von dem durch 3 bezeichneten Punkt aus, so kommt man auf die Indizes in der Folge, wie sie im dritten Summanden stehen. Die Indizes entstehen auseinander durch zyklische Vertauschung.

3. Bedingung dafür, daß drei Punkte in einer Geraden liegen. Der in der eckigen Klammer der zuletzt für den Inhalt des Dreiecks erhaltenen Formel stehende Ausdruck kann nicht nur positiv oder negativ werden, sondern kann auch den Wert Null annehmen. Dieses Ergebnis deutet dann an, daß die drei Punkte, deren Koordinaten man zur Berechnung des Ausdrucks benutzte, nicht Ecken eines Dreiecks sind, sondern in einer Geraden liegen. Man erkennt: **Besteht zwischen den Koordinaten der drei Punkte P_1, P_2, P_3 die Gleichung**

$$x_1(y_2 - y_3) + x_2(y_3 - y_1) + x_3(y_1 - y_2) = 0,$$

so liegen die drei Punkte in einer Geraden.

4. Inhalt eines Dreiecks, dessen eine Ecke im Anfangspunkt des Koordinatensystems liegt. Fällt die eine Ecke des Dreiecks, etwa P_3, mit dem Anfangspunkt des Koordinatensystems zusammen, werden also die Koordinaten von P_3 gleich Null, so nimmt die Formel für den Inhalt des Dreiecks eine bedeutend einfachere Form an. Man findet, wenn man in der in 2. erhaltenen Formel $x_3 = y_3 = 0$ setzt,

$$F = \pm \frac{1}{2}(x_1 y_2 - x_2 y_1).$$

§ 4. Dreiecksinhalt. § 5. Parallelverschiebung

5. Der Inhalt eines Vielecks. Mit Hilfe der Formel für den Inhalt des Dreiecks kann man den Inhalt eines jeden Vielecks berechnen, dessen Ecken durch ihre Koordinaten gegeben sind. Hierbei sind zwei Wege möglich. Einmal kann man das Vieleck durch Diagonalen in Dreiecke zerlegen und dann die Inhalte dieser Dreiecke berechnen, deren Summe den Inhalt des Vielecks liefert. Zweitens kann man sämtliche Ecken des Vielecks mit dem Anfangspunkt des Koordinatensystems verbinden. Es entstehen dann Dreiecke, deren Inhalte nach der in 4. gegebenen Formel berechnet werden können. Der Inhalt des Vielecks ist dann darstellbar als algebraische Summe der Inhalte dieser Dreiecke. Man versuche auf beide Arten die folgende Aufgabe zu lösen.

Aufgabe. Den Inhalt eines Vierecks zu berechnen, dessen Ecken $P_1 (5, 8)$, $P_2 (-3, 6)$, $P_3 (-7, -4)$ und $P_4 (10, -2)$ sind.

In beiden Fällen findet man 126 Flächeneinheiten.

§ 5. Änderung der Koordinaten eines Punktes durch Parallelverschiebung des Systems.

1. Die Parallelverschiebung. Bewegt man in einem Koordinatensystem die Ordinatenachse parallel zu ihrer ursprünglichen Lage so, daß der Anfangspunkt des Systems nach dem Punkte kommt, dessen Abszisse gleich a ist (a ist wieder der Wert der Abszisse mit ihrem Vorzeichen), so bleiben in dem neuen Koordinatensystem alle Ordinaten ungeändert. Die Abszissen aber werden geändert, und zwar derart, daß aus $x_1, x_2, x_3 \ldots$ bzw. $x_1 - a$, $x_2 - a$, $x_3 - a \ldots$ wird. Die Richtigkeit des Gesagten erkennt man bei einer Verschiebung nach rechts sofort. Die Werte sind aber auch richtig, wenn man die Achse nach links verschiebt. Man hat nur zu beachten, daß die Verschiebung nach einem Punkt mit negativer Abszisse erfolgt, also für a ein negativer Wert einzusetzen ist. Durch das Einsetzen dieses Wertes werden $x_1 - a$, $x_2 - a$ usw. größer als x_1, x_2 usw., wie es sein muß.

Bewegt man die Abszissenachse eines Koordinatensystems durch Parallelverschiebung so, daß der Anfangspunkt des Systems nach dem Punkte kommt, dessen Ordinate b ist (b ist wieder der Wert der Ordinate mit ihrem Vorzeichen), so bleiben die Abszissen ungeändert. Die Ordinaten $y_1, y_2, y_3 \ldots$ verwandeln sich in bzw. $y_1 - b$, $y_2 - b$, $y_3 - b \ldots$

Verschiebt man das ganze Koordinatensystem so, daß seine Achsen ihrer ursprünglichen Lage parallel bleiben und daß der Anfangspunkt des Systems auf den Punkt O_1 (a, b) fällt (Fig. 8), so ändern sich die Abszissen und die Ordinaten. Aus dem Punkt P (x, y) wird der Punkt P $(x-a, y-b)$.

Aufgabe. In einem rechtwinkligen Koordinatensystem besitzt ein Punkt P die Koordinaten $+5$ und $+4$. Wie ist das System zu verschieben, damit in dem neuen System der Punkt P die Koordinaten $+2$ und $+6$ hat?

Lösung. Da die Abszisse um 3 kleiner werden soll, muß die Ordinatenachse um drei Einheitsstrecken nach rechts verschoben werden. Da

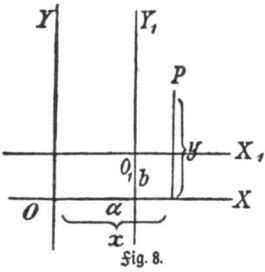
Fig. 8.

die Ordinate um 2 größer werden soll, muß die Abszissenachse um zwei Einheitsstrecken nach unten verschoben werden. Das Koordinatensystem muß also so verschoben werden, daß der Punkt P $(3, -2)$ der Anfangspunkt wird.[1])

2. Nutzen der Parallelverschiebung. Hat man für eine Figur, welche eine einfache Lage zu einem Koordinatensystem besitzt, eine Formel hergeleitet, und man will nun eine neue Formel herleiten, die

für eine weit allgemeinere Lage der Figur zum Koordinatensystem gilt, so gebraucht man häufig die Parallelverschiebung. Es kann dies schon an einer der vorher gefundenen Formeln klargemacht werden. Um den Inhalt des Dreiecks durch die Koordinaten der Ecken auszudrücken, hätte man nur den Inhalt für den Fall zu bestimmen brauchen, wo die eine Ecke im Anfangspunkt des Koordinatensystems liegt. (Es empfiehlt sich, diese Ableitung ähnlich wie in § 4, 2 durchzuführen.) Aus der so erhaltenen einfachen Formel (§ 4, 4) kann man dann die Formel § 4, 2 für die ganz beliebige Lage des Dreiecks zu dem Koordinatensystem erhalten. Man braucht nur das System so zu verschieben, daß sein Anfangspunkt in den Punkt P_3 (x_3, y_3) fällt, dann erhält man nach dem, was in 1. gesagt ist, aus der gefundenen Formel die andere

$$F = \pm \tfrac{1}{2}[(x_1 - x_3)(y_2 - y_3) - (x_2 - x_3)(y_1 - y_3)].$$

Aus dieser Formel läßt sich dann leicht nach Auflösung der Klammern durch andere Zusammenfassung der Glieder die in § 4, 2 gefundene allgemeine Formel herleiten. Daß die erhaltene Formel tatsächlich für das ursprüngliche System gilt, erkennt man daraus, daß in den

---

[1]) $a = +3$, $b = -2$ (Fig. 8).

Werten $x_1 — x_3$, $y_2 — y_3$ usw., die die Koordinaten des neuen Systems besitzen, x_1, x_3, y_2 usw. die Werte der Koordinaten für das ursprüngliche System sind.

Im folgenden wird von der Parallelverschiebung öfter Gebrauch gemacht werden.

Zweiter Abschnitt.
Die Funktion und ihre Darstellung.
§ 6. Der Funktionsbegriff.

1. Erklärung. Sind den Werten einer Veränderlichen x die Werte einer anderen Veränderlichen y zugeordnet, so heißt y eine Funktion der unabhängigen Veränderlichen x.

So ist der Inhalt des Kreises eine Funktion seines Radius, die Schwingungsdauer des mathematischen Punktes eine Funktion seiner Länge. Die Geschwindigkeit, die ein frei fallender Körper besitzt, ist eine Funktion der Zeit, die seit dem Beginn seines Falles verflossen ist.

2. Die Bestimmungsgleichung. Hat man eine Gleichung, in der außer bekannten Größen, welche durch bestimmte Zahlen (3, 7 ...) oder Buchstaben (a, b ...) bezeichnet sind, auch eine unbekannte Größe x vorkommt, so gibt es nur einzelne Werte, die x annehmen darf, um der Gleichung zu genügen. Die Gleichung bestimmt also gewisse Werte von x und heißt daher eine Bestimmungsgleichung. So besteht die Gleichung $x^2 - 10x = 39$ nur für die beiden Werte der Unbekannten $x_1 = 13$ und $x_2 = -3$. Es ist Aufgabe der Algebra, Mittel und Wege anzugeben, wie diese Werte für die einzelnen Gleichungen gefunden werden können.

3. Die Funktion. Hat man einen Ausdruck etwa von der Form $x^2 - 6x + 8$, $\sqrt{x+5}$ oder $2a\,x^3 + b$, in dem außer gewissen unveränderlichen Größen (6, 8, 5, 2, a, b) noch eine ihrem Wesen nach veränderliche Größe x vorkommt, so steht jener Ausdruck in einer ganz bestimmten Beziehung zu x. Gibt man nämlich dem x nacheinander verschiedene Werte, so nimmt für jeden dieser Werte der ganze Ausdruck einen (oder auch mehrere) bestimmten Wert an. So wird $x^2 - 6x + 8$ für $x = 5$ zu 3, für $x = -4$ zu 48. Der Ausdruck $\sqrt{x+5}$ erhält für $x = 4$ den Wert $+3$ oder -3. Es ist hiernach leicht zu erkennen, daß im allgemeinen der Wert des Ausdrucks sich ändern wird, wenn x seinen Wert ändert.

Bezeichnet man den Wert des Ausdrucks, etwa $x^2 - 6x + 8$, durch y, so erhält man eine Gleichung zwischen x und y, in unserem Falle $y = x^2 - 6x + 8$.

Man nennt in einer solchen Gleichung x und y **veränderliche oder variable Größen**, und zwar x **die unabhängig Veränderliche** und die die Funktion darstellende Größe y **die abhängig Veränderliche**.

§ 7. Darstellung einer Funktion.

1. Veranschaulichung der Funktion durch eine Tabelle. Von der Änderung der Funktion bei Veränderung der unabhängig Veränderlichen kann man sich in folgender Weise ein Bild verschaffen. Man gibt der unabhängig Veränderlichen x eine Reihe aufeinanderfolgender Werte und berechnet die zu ihnen gehörenden Werte der Funktion y. Dann ordnet man die zueinander gehörenden Werte von x und y in einer Tabelle an, indem man je zwei zusammengehörende Werte entweder nebeneinander oder untereinander schreibt. Für die Funktion $y = x^2 - 6x + 8$ findet man in dieser Weise die folgende Tabelle:

$x =$	0	+1	+2	+3	+4	+5	+6
$y =$	+8	+3	0	−1	0	+3	+8

Man erkennt hieraus, daß, wenn x von Null an wächst, die Funktion zunächst abnimmt, dann für $x = +3$ ihren kleinsten Wert annimmt und nun mit wachsendem x ebenfalls wächst.

Die Funktion $y = \frac{1}{3}x^3 - x^2 - \frac{10}{3}x + 8$ gibt, wenn man für x nacheinander alle ganzzahligen Werte von $x = -4$ bis $x = +5$ einsetzt, die nachstehende Tabelle:

$x =$	−4	−3	−2	−1	0	+1	+2	+3	+4	+5
$y =$	−16	0	+8	+10	+8	+4	0	−2	0	+8

Während x von -4 bis $+5$ wächst, nimmt die Funktion zunächst zu, bis x den Wert -1 annimmt, dann fällt sie (nimmt ab), bis $x = +3$ ist. Von nun an aber findet gleichzeitig mit dem Wachsen von x auch ein andauerndes Wachsen der Funktion statt.[1)]

2. Veranschaulichung der Funktion durch eine Kurve. Jedes zusammengehörende Wertepaar von x und y kann man als die Koordi-

---

1) Die Werte $x = -3, +2, +4$ sind die Nullstellen dieser Funktion. — Berechne auch y für $x = -1,2; -1,1; +3,1; +3,2$.

§ 7. Darstellung einer Funktion

naten eines Punktes in einem rechtwinkligen Koordinatensystem betrachten. Zeichnet man diese Punkte in ein Koordinatensystem ein, so erhält man durch ihre Lage zur Abszissenachse ebenfalls ein Bild von dem Verlaufe der Funktion. Je näher aneinander die Werte liegen, die man der unabhängig Veränderlichen x gibt, um so enger liegen auch die Punkte nebeneinander, die uns durch ihre Entfernung von der Abszissenachse den Verlauf der Funktion versinnlichen. Nimmt man an, daß x sich nicht sprungweise ändert, sondern kontinuierlich, daß also der Punkt, dessen Entfernung vom Anfangspunkt des Koordinatensystems uns den Wert von x darstellt, sich auf der Abszissenachse in einer Richtung entlang bewegt, so werden auch die zugehörigen Punkte, deren Ordinaten uns den Wert der Funktion angeben, im allgemeinen unendlich nahe aneinander liegen. Mit anderen Worten: Der Endpunkt der zu den einzelnen Abszissen gehörenden Ordinate beschreibt eine Kurve in der Ebene des Koordinatensystems. Diese Kurve nennt man die **durch die gegebene Gleichung dargestellte Kurve**.

Man kann also auch durch eine Kurve, die man in einem Koordinatensystem zeichnet, sich den Verlauf einer Funktion veranschaulichen. Zur Herstellung der Kurve zeichnet man eine Anzahl von Punkten der Kurve auf Grund einer Tabelle, wie sie in 1. angegeben ist, und verbindet dann die einzelnen Punkte krummlinig mit Hilfe eines Kurvenlineals. Die beiden Figuren 9 und 10 stellen den Verlauf der beiden oben durch eine Tabelle veranschaulichten Funktionen dar. Fig. 9 ist die durch die Gleichung $y = x^2 - 6x + 8$ dargestellte Kurve, Fig. 10 stellt die zu der zweiten Funktion $y = \frac{1}{3}x^3 - x^2 - \frac{10}{3}x + 8$ gehörende Kurve dar.

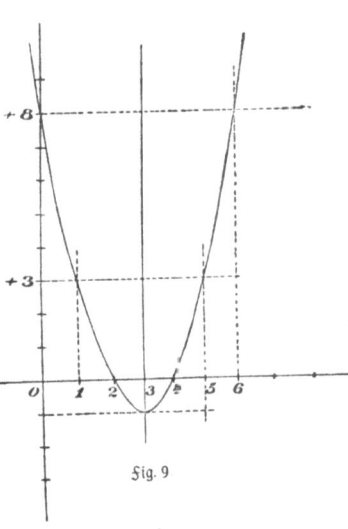

Fig. 9

Man nennt diese Art der Darstellung des Verlaufs einer Funktion ihre **graphische Darstellung** oder **Bildkurve**.

Bemerkung. Die durch eine Gleichung dargestellte Kurve wird gewöhnlich kontinuierlich oder **stetig** verlaufen, d. h. die Endpunkte der Ordinaten, welche zu den Abszissen des auf der Abszissenachse bewegten Punktes gehören, werden unendlich nahe aneinanderliegen, so daß eine zusammenhängende Kurve entsteht. Es kann aber auch der Fall eintreten, daß der stetige Verlauf unterbrochen wird. Dies geschieht immer, wenn für einen endlichen Wert von x der Wert der Funktion y unendlich groß wird. Die Funktion wird dann **unstetig.** So besitzt die Funktion $y = \dfrac{1}{x}$ eine Unstetigkeitsstelle für $x = 0$; die Funktion $y = \dfrac{5}{(x-3)(x+7)}$ wird unstetig, wenn x den Wert 3 oder -7 annimmt.

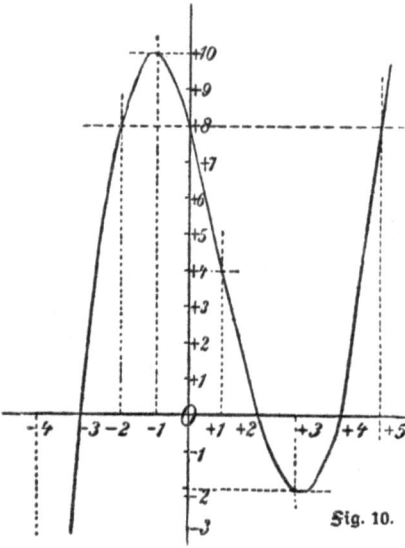

Fig. 10.

§ 8. Darstellung geometrischer Gebilde durch eine Gleichung zwischen zwei Veränderlichen.

Die Tatsache, daß Funktionen, die durch eine Gleichung zwischen zwei Veränderlichen x und y gegeben sind, durch Kurven in einer Ebene dargestellt werden können, führt zu dem Gedanken, für die aus der synthetischen Geometrie bekannten Kurven die Gleichung zu ermitteln, die diesen Kurven zugehört. Ist diese Gleichung gefunden, so kann man mit ihrer Hilfe Eigenschaften der Kurven oder Beziehungen zwischen den einzelnen Kurven nur durch Rechnung oder Analysis ermitteln. Man nennt daher diese Art der Behandlung geometrischer Gebilde **analytische Geometrie.**

Es sei hier nur kurz angegeben, wie man bei der Aufstellung der Gleichung zu einer Kurve verfährt: Die in der Geometrie behandelten Kurven sind als geometrische Örter erklärt, d. h. alle Punkte einer Kurve müssen eine ganz bestimmte Bedingung erfüllen. Dies wird zur herleitung der Gleichung benutzt. Man zeichnet ein Koordinatensystem, dessen Lage man je nach der Art des geometrischen Ortes für denselben möglichst günstig wählt. In diesem Koordinatensystem nimmt man nun einen beliebigen Punkt an und setzt von diesem voraus, daß er ein Punkt der zu behandelnden Kurve sei. Hierauf zeichnet man die Koordinaten dieses Punktes und sucht nun mit Hilfe der Figur zwischen den Koordinaten auf Grund der Erklärung der Kurve eine Gleichung aufzustellen. Diese Gleichung, die für einen beliebigen Punkt der Kurve gilt, gilt dann für alle Punkte derselben und ist demnach die Gleichung der Kurve.

Dritter Abschnitt.
Die gerade Linie.
§ 9. Die Gleichung ersten Grades zwischen zwei Veränderlichen.

1. Die Gestalt der Gleichung. Jede Gleichung ersten Grades zwischen x und y läßt sich nach Ausführung einiger Rechnungen auf die Form $ax + by + c = 0$ bringen. Da b nicht Null sein kann, weil sonst y fortfallen würde, kann man diese Gleichung durch b dividieren und dann y allein auf der linken Seite stehen lassen. Dadurch erhält man $y = -\frac{a}{b}x - \frac{c}{b}$. Setzt man jetzt $-\frac{a}{b} = l$ und $-\frac{c}{b} = m$, so erhält man als eine zweite Form, auf die man jede Gleichung ersten Grades zwischen x und y bringen kann, $y = lx + m$. In dieser Form erscheint y als ausgerechnete Funktion von x.

2. Graphische Darstellung der Funktion $y = lx + m$. Um zunächst einige Punkte der Linie zu finden, die durch die gegebene Funktion dargestellt wird, gibt man dem x nacheinander die beliebigen Werte x_1, x_2, x_3 und bezeichnet die durch Rechnung aus der Gleichung sich dafür ergebenden Funktionswerte durch y_1, y_2, y_3. Man hat dann die drei Gleichungen $y_1 = lx_1 + m$, $y_2 = lx_2 + m$, $y_3 = lx_3 + m$. Setzt man die für y_1, y_2 und y_3 erhaltenen Werte in die § 4, 2 für den Inhalt eines Dreiecks gefundene Formel ein, so erhält man nach Auflösung der Klammern und Zusammenfassung der Glieder das Ergebnis Null. Es müssen daher nach § 4, 3 die drei beliebig gewählten Punkte in einer Geraden liegen. Da das, was für die beliebig gewählten Punkte gilt, für alle Punkte Gültigkeit hat, so müssen alle Punkte der Linie, welche die Funktion darstellen, in einer Geraden liegen. **Die graphische Darstellung der Funktion $y = lx + m$ ist eine gerade Linie.**

3. Die Gleichung der Geraden. Da, wie oben gezeigt, sich die Gleichung $ax + by + c = 0$ stets in eine Gleichung von der Form $y = lx + m$ umformen läßt, so gilt der

Satz. Jede Gleichung ersten Grades zwischen zwei Veränderlichen stellt eine gerade Linie dar.

Die Gleichung $y = lx + m$ heißt die **Normalform der Gleichung der Geraden.**

4. Die Zeichnung der Geraden nach ihrer Gleichung. Da eine Gerade durch zwei ihrer Punkte vollständig bestimmt ist, so genügt es, aus der Gleichung der Geraden die Koordinaten von zwei Punkten zu ermitteln. Man wählt hierbei am besten die Punkte, in welchen die Gerade die Achsen schneidet, da für den Schnittpunkt mit der Abszissenachse $y = 0$, für den Schnittpunkt mit der Ordinatenachse $x = 0$ ist und nach Einsetzung dieses Wertes in die Gleichung der Geraden sich die zweite Koordinate des Schnittpunktes leicht berechnen läßt. Durch diese beiden Punkte zieht man dann die Gerade. Ist z. B. die Gleichung $y = 4x + 8$ gegeben, so ist der Schnittpunkt mit der Abszissenachse $P(-2, 0)$ und der Schnittpunkt mit der Ordinatenachse $P(0, 8)$. Die Gerade, deren Gleichung $3x + 4y = 24$ ist, schneidet die Abszissenachse in $P(8, 0)$, die Ordinatenachse in $P(0, 6)$.

§ 10. Die Bedeutung der Konstanten in der Normalform.

1. Die Bedeutung von m. Setzt man in der Gleichung $y = lx + m$ für x den Wert Null ein, so findet man $y = m$. Die zu der Abszisse $x = 0$ gehörende Ordinate ist also gleich m. Hieraus erkennt man sofort die

Erklärung. m **bedeutet die Ordinate des Punktes, in welchem die Gerade die Ordinatenachse schneidet.**

Die Gerade $y = 3x - 4$ schneidet also die Ordinatenachse vier Einheiten unterhalb des Anfangspunktes des Systems.

2. Die Bedeutung von l. Aus der Normalform der Gleichung der Geraden findet man durch einfache Rechnung $l = \dfrac{y-m}{x}$. Es läßt sich nun mit Hilfe dieses Bruches die Bedeutung von l erklären.

In Fig. 11 ist der Winkel $QSX = \alpha$, den die Gerade PS mit der

§ 10. Die Konstanten der Gleichung der Geraden

positiven Richtung der Abszissenachse bildet, ein spitzer Winkel; in Fig. 12 ist Winkel $QSX = a$ ein stumpfer. In Fig. 11 erkennt man aus dem Dreieck PQR, daß $\operatorname{tng} a = \dfrac{y-m}{x} = l$ ist. In Fig. 12 ist im Dreieck PQR $\operatorname{tng}(180^0 - a) = \dfrac{m-y}{x}$, und daher $\operatorname{tng} a = -\operatorname{tng}(180^0 - a) = \dfrac{y-m}{x} = l$. Hieraus folgt die

Erklärung. l bedeutet den Tangens des Winkels, um welchen man die Abszissenachse im positiven Drehungssinn (§ 4, 2) um ihren Schnittpunkt mit der Geraden drehen müßte, bis sie mit der Geraden zusammenfällt; $l = \operatorname{tng} a$.

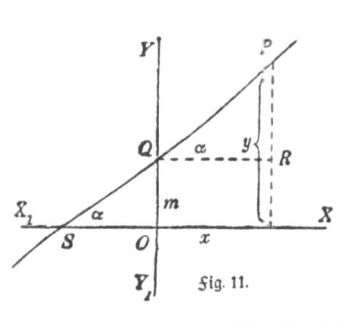
Fig. 11.

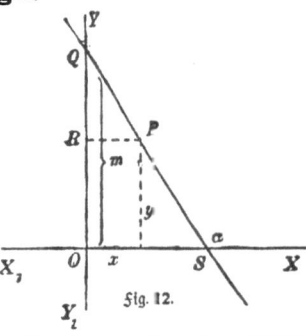
Fig. 12.

Die Größe l heißt **die Richtungskonstante** oder **der Richtungskoeffizient** der Geraden.

Ist l, d. h. der Koeffizient des x, in der Normalform positiv, so ist der Winkel a, den die Gerade mit der Abszissenachse bildet, ein spitzer; ist l negativ, so ist der Winkel ein stumpfer.

Aufgabe 1. Welchen Winkel bildet die Gerade $y + 3x - 5 = 0$ mit der Abszissenachse?

Bringt man die Gleichung der Geraden auf die Normalform, so findet man $y = -3x + 5$. Es ist also $\operatorname{tng} a = -3$, $\operatorname{tng}(180^0 - a) = 3$, und daher $a = 108^0\,26,1'$.

Aufgabe 2. Wie heißt die Gleichung der Geraden, welche mit der Abszissenachse einen Winkel von 45^0 bildet und die Ordinatenachse sieben Einheiten unterhalb des Anfangspunktes schneidet?

Es ist $l = \operatorname{tng} 45^0 = 1$ und $m = -7$, also ist die Gleichung $y = x - 7$ oder $y - x + 7 = 0$.

3. Die Gleichung der Geraden durch den Anfangspunkt des Systems lautet, da für diesen Punkt $m = 0$ sein muß,

$$y = lx.$$

Aufgabe. Die Gleichung der Geraden zu bestimmen, die den Koordinatenwinkel im zweiten Quadranten halbiert.

Es ist $l = \text{tng } 135^0 = -1$, also die Gleichung $y = -x$ oder $y + x = 0$.

§ 11. Die Gleichung einer Geraden, die eine bestimmte Bedingung erfüllt.

1. Die Gleichung der Geraden durch einen gegebenen Punkt. Es sei $P_1(x_1, y_1)$ der gegebene Punkt. Verschiebt man das Koordinatensystem so, daß die Achsen ihrer ursprünglichen Lage parallel bleiben, bis der Anfangspunkt des Systems mit dem Punkt P_1 zusammenfällt, so verwandeln sich die Koordinaten in $x - x_1$ und $y - y_1$ (§ 5, 1). Da bei der neuen Lage des Koordinatensystems die Gerade durch den Anfangspunkt geht, so findet man nach § 10, 3 als

Gleichung der Geraden durch den Punkt $P_1(x_1, y_1)$

$$y - y_1 = l(x - x_1).$$

Bemerkung. Die gefundene Gleichung enthält außer den veränderlichen Koordinaten x und y noch die Richtungskonstante l, der jeder beliebige Wert beigelegt werden kann. Die Gleichung stellt also nicht eine bestimmte Gerade, sondern ein ganzes Strahlenbüschel dar, dessen Scheitel der Punkt P_1 ist. Dies entspricht auch der Tatsache, daß durch einen Punkt unzählig viele Gerade möglich sind. Erst wenn man dem l einen ganz bestimmten Wert beilegt, ist die Gerade eindeutig bestimmt.

Aufgabe 1. Die Gleichung einer Geraden aufzustellen, die durch den Punkt $P(7, -4)$ geht.

Die Gleichung lautet $y + 4 = l(x - 7)$.

Aufgabe 2. Die Gleichung der Geraden zu bestimmen, die durch den Punkt $P(5, 6)$ geht und mit der Abszissenachse einen Winkel von 135^0 bildet.

Da $l = \text{tng } 135^0 = -1$ ist, lautet die Gleichung $y - 6 = -1 \cdot (x - 5)$ oder $y = -x + 11$.

2. Die Gleichung der Geraden, die durch zwei gegebene Punkte geht. Die gegebenen Punkte seien P_1 und P_2 (Fig. 13). Jede beliebige Gerade durch den Punkt P_1 hat, wie eben gefunden, die Glei-

§ 11. Gleichung der Geraden für bestimmte Bedingungen

chung $y - y_1 = l(x - x_1)$. Wird verlangt, daß die Gerade auch durch den Punkt P_2 hindurchgehen soll, so ist sie eindeutig bestimmt, und die Richtungskonstante l muß einen ganz bestimmten Wert annehmen. Man findet diesen Wert aus der Figur, denn es ist im Dreieck $P_1 P_2 Q$ $l = \operatorname{tng} \alpha = \frac{y_1 - y_2}{x_1 - x_2}$. Es lautet daher **die Gleichung der Geraden durch die Punkte P_1 und P_2**

$$y - y_1 = \frac{y_1 - y_2}{x_1 - x_2}(x - x_1).$$

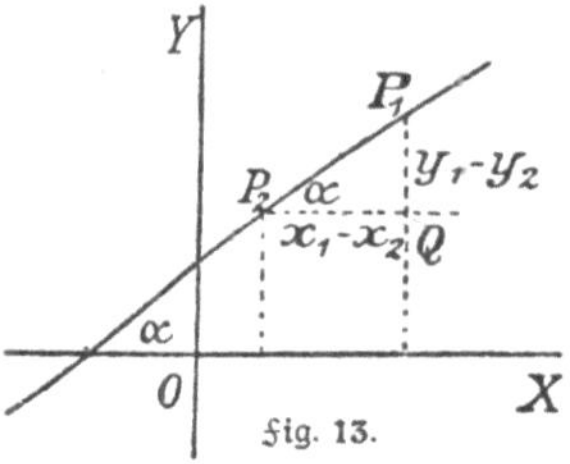

Fig. 13.

Aufgabe 1. Wie heißt die Gleichung der Geraden, die durch die Punkte (11, 4) und (5, −8) hindurchgeht?

Betrachtet man den Punkt (11, 4) als den Punkt P_1 und (5, −8) als den Punkt P_2, so findet man als Gleichung der Geraden

$$y - 4 = \frac{4 + 8}{11 - 5}(x - 11) \quad \text{oder} \quad y - 2x + 18 = 0.$$

Nimmt man (5, −8) als den Punkt P_1 und den andern Punkt als P_2, so findet man $y + 8 = \frac{-8 - 4}{5 - 11}(x - 5)$, und hieraus wieder dieselbe Gleichung wie vorher. Es ist also gleichgültig, welchen Punkt man durch P_1 bezeichnet.

Aufgabe 2. Die Ecken eines Dreiecks sind $A(2, 8)$, $B(10, 6)$ und $C(8, 12)$. Wie heißen die Gleichungen der drei Seiten?

Die Gleichungen sind $4y + x = 34$ (AB), $y + 3x = 36$ (BC), $3y - 2x = 20$ (AC).

3. Die Gleichung der Geraden, die auf der Abszissenachse die Strecke a, auf der Ordinatenachse die Strecke b abschneidet.

Die Gerade geht durch die Punkte $(a, 0)$ und $(0, b)$, ihre Gleichung ist also nach 2. $y - 0 = \frac{0 - b}{a - 0}(x - a)$. Diese Gleichung läßt sich nach kurzer Rechnung auf die Form bringen

$$\frac{x}{a} + \frac{y}{b} = 1.$$

Folgerung. Wird $a = \infty$, d. h. wird die Gerade der Abszissenachse parallel, so wird $\frac{x}{a} = 0$, und **die Gleichung der Parallelen zur Abszissenachse im Abstande b ist $y = b$.** Ebenso findet man, wenn man b unendlich groß werden läßt, als **Gleichung der Parallelen zur Ordinatenachse im Abstande a** die Gleichung $x = a$. Die

Gleichung der Abszissenachse selbst ist $y = 0$, die Gleichung der Ordinatenachse $x = 0$.

§ 12. Zwei Gerade.

1. Bemerkung. Ist $y = lx + m$ die Gleichung einer Geraden, so ist $y = l_1 x + m_1$ die Gleichung einer beliebigen anderen Geraden. Die veränderlichen Koordinaten müssen immer durch x und y bezeichnet werden. Der Anfänger macht häufig den Fehler, daß er die Gleichung der zweiten Geraden $y_1 = lx_1 + m$ nennt. Die Größen x_1 und y_1 bezeichnen stets die unveränderlichen Koordinaten eines Punktes P_1.

2. Der Schnittpunkt zweier Geraden. Zu jeder Abszisse gehört bei einer Geraden eine und nur eine Ordinate. Dies erkennt man sowohl, wenn man in der Ebene eines Koordinatensystems eine Gerade zeichnet, als auch daraus, daß die Gleichung, welche eine Gerade darstellt, eine Gleichung ersten Grades zwischen den beiden Veränderlichen x und y ist. Hat man in demselben Koordinatensystem noch eine zweite Gerade, so gehören bei dieser zu denselben Abszissen stets andere Werte der Ordinate als bei der ersten Geraden, wie man an einer Figur leicht erkennt. In einem Punkte nur entspricht derselben Abszisse die gleiche Ordinate bei beiden Geraden. Dieser Punkt ist der Schnittpunkt beider Geraden. Die Koordinaten des Schnittpunktes zweier Geraden müssen also den Gleichungen der beiden Geraden genügen. Man findet daher die Koordinaten des Schnittpunktes zweier Geraden, wenn man ihre Gleichungen als Gleichungen mit zwei Unbekannten auffaßt und die durch die Gleichungen bestimmten Werte der Unbekannten berechnet. Die gefundenen Werte für x und y sind die Koordinaten des Schnittpunktes. Da zwei Gleichungen ersten Grades mit zwei Unbekannten nur eine Lösung haben, so erkennt man daraus die Tatsache, daß zwei Gerade sich nur in einem Punkte schneiden.

Aufgabe 1. Wo schneiden sich die Geraden, deren Gleichungen $8y - 3x - 34 = 0$ und $2y + x + 2 = 0$ sind? (Im Punkte $P(-6, 2)$.)

Aufgabe 2. Die Gleichungen der Seiten eines Dreiecks ABC sind $7x - 5y - 13 = 0$ (AB), $3x - 11y + 83 = 0$ (BC) und $2x + 3y - 17 = 0$ (AC). Welches sind die Koordinaten der Ecken? ($A(4, 3)$, $B(9, 10)$, $C(-2, 7)$.)

3. Der Winkel, unter dem zwei Gerade sich schneiden. Die Gleichungen der beiden Geraden seien $y = lx + m$ und $y = l_1 x + m_1$.

§ 12. Zwei Gerade

Bezeichnet man die Winkel, welche diese Geraden mit der Abszissenachse bilden, mit α und α_1 (Fig. 14), dann ist $l = \operatorname{tng} \alpha$ und $l_1 = \operatorname{tng} \alpha_1$. Ist nun δ der Winkel, unter dem die beiden Geraden sich schneiden, dann ist nach dem Satz vom Außenwinkel eines Dreiecks $\delta = \alpha - \alpha_1$ und daher $\operatorname{tng} \delta = \operatorname{tng}(\alpha - \alpha_1) = \dfrac{\operatorname{tng}\alpha - \operatorname{tng}\alpha_1}{1 + \operatorname{tng}\alpha \cdot \operatorname{tng}\alpha_1}$.

Ersetzt man in dieser Formel $\operatorname{tng}\alpha$ durch l und $\operatorname{tng}\alpha_1$ durch l_1, so findet man: **Der Winkel, unter dem zwei Gerade sich schneiden, ist bestimmt durch die Formel** $$\operatorname{tng}\delta = \frac{l - l_1}{1 + l\, l_1}.$$

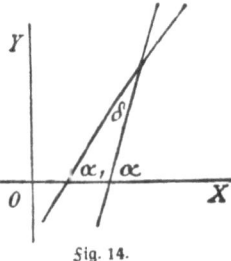

Fig. 14.

Aufgabe 1. Die Gleichungen zweier Geraden sind $3x - 5y = 7$ und $2x + 9y - 15 = 0$. Unter welchem Winkel schneiden sich die Geraden?

Man bringt zunächst die Gleichungen auf die Normalform $y = lx + m$, um aus dieser den Wert der Richtungskonstante entnehmen zu können. Aus der ersten Gleichung findet man $l = \dfrac{3}{5}$, aus der zweiten $l_1 = -\dfrac{2}{9}$. Setzt man diese Werte in die vorher gefundene Formel ein, so erhält man

$$\operatorname{tng}\delta = \frac{\frac{3}{5} + \frac{2}{9}}{1 - \frac{3}{5} \cdot \frac{2}{9}}.$$

Den für $\operatorname{tng}\delta$ gefundenen Wert vereinfacht man nun am besten, wenn man den Bruch mit dem Produkt der Nenner, d. h. 45 erweitert. Dadurch entsteht die Gleichung

$$\operatorname{tng}\delta = \frac{27 + 10}{45 - 6} = \frac{37}{39}.$$ Hieraus ergibt sich $\delta = 43° \, 29{,}6'$.

Hätte man die zuerst gefundene Richtungskonstante mit l_1, die zweite mit l bezeichnet und dann die Werte in die Formel für $\operatorname{tng}\delta$ eingesetzt, so hätte man $\operatorname{tng}\delta = -\dfrac{37}{39}$ gefunden. Man muß dann, um das Minuszeichen zu beseitigen, den Winkel δ durch den Supplementwinkel ersetzen und findet so $\operatorname{tng}(180° - \delta) = \dfrac{37}{39}$. Dies ergibt $180° - \delta = 43° \, 29{,}6'$, also $\delta = 136° \, 30{,}4'$. Beide Werte sind brauchbar.

Das erstemal findet man den spitzen Winkel, unter dem die beiden Geraden sich schneiden, das zweitemal seinen stumpfen Nebenwinkel (Supplementwinkel).

Bemerkung. Handelt es sich nur um die Bestimmung des Winkels, unter dem zwei Gerade sich schneiden, so ist es gleichgültig, welchen Winkel man findet. Sowohl durch den spitzen wie durch den stumpfen Winkel ist die Aufgabe gelöst. Eine Schwierigkeit tritt aber ein, wenn die drei Winkel eines Dreiecks aus den Gleichungen seiner Seiten ermittelt werden sollen. Es kann dann leicht der Fall eintreten, daß man drei Winkel findet, deren Summe nicht gleich zwei Rechten ist. Man erkennt zwar sofort, daß man diesen Fehler verbessern kann, wenn man einen oder mehrere der gefundenen Winkel durch ihre Supplementwinkel ersetzt, es ist aber schwer zu entscheiden, bei welchen Winkeln diese Ersetzung vorgenommen werden muß. Es ist dann nötig, daß man sich mit Hilfe der gegebenen Gleichungen das Dreieck zeichnet (vgl. § 9, 4) und nun aus der erhaltenen Figur ersieht, welcher Art die Dreieckswinkel sein müssen, spitz oder stumpf.

Aufgabe 2. Die Ecken eines Dreiecks sind A (7, 8), B (— 3, 5) und C (10, — 6). Wie groß sind die Winkel des Dreiecks?

Zuerst stellt man die Gleichungen der drei Seiten auf (§ 11, 2) und bestimmt dann mit ihrer Hilfe die Winkel. ($\sphericalangle A = 85°23{,}7'$, $\sphericalangle B = 56°56{,}1'$, $\sphericalangle C = 37°40{,}1'$.)

4. Parallele Gerade. Bringt man die Gleichung einer Geraden auf die Normalform, so bedeutet der Koeffizient von x die Richtungskonstante der Geraden, d. h. den Tangens des Winkels, den die Gerade mit der Abszissenachse bildet. Da nun parallele Gerade von einer dritten unter gleichen Winkeln geschnitten werden, so gilt für den Fall, daß die Geraden $y = lx + m$ und $y = l_1 x + m_1$ einander parallel sind, als **Bedingung des Parallelismus**

$$l = l_1.$$

Sind zwei Gerade einander parallel, so sind ihre Richtungskonstanten einander gleich.

Aufgabe. Wie heißt die Gleichung der Geraden, die durch den Punkt (— 2, 5) geht und der Geraden $3x + 5y = 7$ parallel ist?

Die Gleichung jeder Geraden durch den Punkt (— 2, 5) lautet $y - 5 = l(x + 2)$. Soll die Gerade der gegebenen Geraden parallel sein, so muß ihre Richtungskonstante gleich der Richtungskonstante

§ 12. Zwei Gerade

der gegebenen Geraden sein. Diese ist $-\frac{3}{5}$, also heißt die Gleichung der gesuchten Parallelen $y - 5 = -\frac{3}{5}(x + 2)$ oder $5y + 3x = 19$.

5. Aufeinander senkrechte Gerade. Stehen zwei Gerade aufeinander senkrecht (Fig. 15), so muß, wenn a der Winkel ist, den die eine Gerade mit der Abszissenachse bildet, die andere Gerade den Winkel $90° + a$ mit der Abszissenachse bilden. Für die Richtungskonstanten der beiden Geraden bestehen also die Gleichungen $l = \operatorname{tng} a$ und $l_1 = \operatorname{tng}(90° + a) = -\cot a$. Multipliziert man beide Gleichungen, so findet man als **Bedingung des Senkrechtstehens**

$$l\,l_1 = -1 \text{ oder } l = -\frac{1}{l_1}.$$

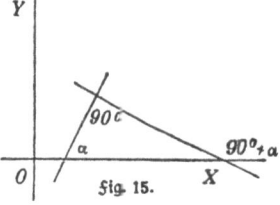

Fig. 15.

Stehen zwei Gerade aufeinander senkrecht, so ist die Richtungskonstante der einen gleich dem reziproken Wert der Richtungskonstante der anderen mit entgegengesetztem Vorzeichen.

Aufgabe 1. Wie heißt die Gleichung der Senkrechten, die von dem Punkt $P(6, 2)$ auf die Gerade $3y - 5x = 12$ gefällt ist?

Jede Gerade durch P hat die Gleichung $y - 2 = l(x - 6)$. Die Richtungskonstante der gegebenen Geraden ist $l_1 = \frac{5}{3}$. Soll die Gerade durch P senkrecht auf der gegebenen Geraden stehen, so muß $l = -\frac{1}{l_1} = -\frac{3}{5}$ sein. Durch Einsetzen dieses Wertes findet man als Gleichung der Senkrechten $5y + 3x - 28 = 0$.

Aufgabe 2. Die Ecken eines Dreiecks sind $A(-8, 3)$, $B(5, -6)$ und $C(9, 5)$. Wie heißen die Gleichungen der drei Höhen?

Man bestimmt zunächst die Gleichungen der drei Seiten und dann die Gleichungen der Höhen wie bei Aufgabe 1. Die Gleichungen der Höhen sind $11y + 4x - 1 = 0$ (h_a), $2y + 17x - 73 = 0$ (h_b), $9y - 13x + 72 = 0$ (h_c).

Aufgabe 3. Die Gleichung der Mittelsenkrechten auf der Strecke zu finden, die die Punkte $(3, -4)$ und $(5, 6)$ miteinander verbindet.

Die Gleichung der Geraden durch die gegebenen Punkte und die Koordinaten des Mittelpunktes der Strecke (§ 3, 1) werden bestimmt.

Dann gestaltet sich die Lösung wie bei der ersten Aufgabe. Lösung: $5y + x = 9$.

Aufgabe 4. Die Ecken eines Dreiecks sind $A(15, 9)$, $B(13, 11)$ und $C(-1, -3)$. Welches sind die Koordinaten des Mittelpunktes des Umkreises?

Man bestimmt die Gleichungen zweier Mittelsenkrechten wie bei Aufgabe 3 und dann die Koordinaten des Schnittpunktes derselben. Der Mittelpunkt ist der Punkt $M(7, 3)$.

Vierter Abschnitt.
Der Kreis.
§ 13. Erklärung und Gleichung des Kreises.

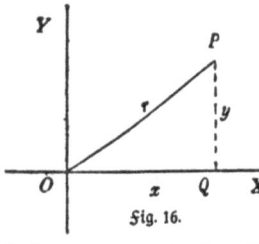

Fig. 16.

1. Erklärung. Ein **Kreis** ist der geometrische Ort aller Punkte, die von einem festen Punkt gleich weit entfernt sind.[1]

2. Die Mittelpunktsgleichung des Kreises. Der feste Punkt sei der Punkt O (Fig. 16), die stets gleiche Entfernung aller Punkte des Ortes von O werde durch r bezeichnet. Man wählt das Koordinatensystem so, daß der feste Punkt O der Anfangspunkt des Systems wird. Hierauf zeichnet man einen beliebigen Punkt P, von dem man annimmt, daß er ein Punkt des Kreises sei, fällt von P die Senkrechte PQ auf die Abszissenachse und erhält so die Koordinaten des Punktes P, $QP = y$ und $OQ = x$. Verbindet man nun P mit O, so muß diese Verbindungslinie gleich r sein. Man erhält dann nach dem pythagoreischen Lehrsatz die Gleichung

$$x^2 + y^2 = r^2.$$

Diese für den beliebigen Punkt P des Kreises gefundene Gleichung muß für alle Punkte des Kreises gelten, ist daher **die Gleichung des Kreises.** Sie wird **die Mittelpunktsgleichung** des Kreises genannt, da sie gilt, wenn der Mittelpunkt des Kreises im Anfangspunkt des Koordinatensystems liegt.

Die Gleichung des Kreises, der mit dem Radius $r = 7$ um den Anfangspunkt des Koordinatensystems beschrieben ist, heißt also $x^2 + y^2 = 49$.

---
[1] Ebenes Problem! Im Raume wäre jener Ort die Kugel.

§ 13. Gleichung des Kreises

3. Die allgemeine Kreisgleichung. Ist der Mittelpunkt des Kreises mit dem Radius r der beliebig in der Ebene des Koordinatensystems gelegene Punkt $M(p, q)$, so kann man seine Gleichung mit Hilfe der soeben gefundenen Mittelpunktsgleichung leicht ermitteln. Verschiebt man das Koordinatensystem parallel zu seiner ursprünglichen Lage so, daß der Anfangspunkt des Systems in den Punkt $M(p, q)$ fällt, so verwandeln sich die Koordinaten x und y in $x-p$ bzw. $y-q$. Man findet daher durch die Mittelpunktsgleichung

die allgemeine Kreisgleichung
$$(x-p)^2 + (y-q)^2 = r^2.$$

Aufgabe 1. Wie heißt die Gleichung des Kreises, der mit dem Radius $r = 5$ um den Punkt $M(2, -3)$ beschrieben ist?

Man findet $(x-2)^2 + (y+3)^2 = 25$ oder, nach Auflösung der Klammern, $x^2 - 4x + y^2 + 6y = 12$.

Aufgabe 2. Es soll die Gleichung des Kreises bestimmt werden, der durch die Punkte $P_1(10, 11)$ und $P_2(12, 9)$ hindurchgeht und dessen Radius $r = 10$ ist.

Man geht von der allgemeinen Kreisgleichung aus. In dieser ist nach der Aufgabe $r = 10$ zu setzen. Es müssen nun noch die Koordinaten p und q des Mittelpunktes bestimmt werden. Hierzu sind zwei Gleichungen nötig. Die eine dieser Gleichungen erhält man, da der Kreis durch $P_1(10, 11)$ gehen soll, wenn man in der Kreisgleichung $x = 10$ und $y = 11$ setzt. Die zweite Gleichung findet man, wenn man berücksichtigt, daß der Kreis auch durch $P_2(12, 9)$ gehen soll. Aus beiden Gleichungen ergibt sich $p_1 = 18$, $q_1 = 17$ und $p_2 = 4$, $q_2 = 3$. Es gibt also zwei Kreise, wie es auch aus der Planimetrie bekannt ist. Die Gleichungen dieser Kreise sind
$x^2 + y^2 - 36x - 34y + 513 = 0$ und $x^2 + y^2 - 8x - 6y - 75 = 0$.

Aufgabe 3. Die Ecken eines Dreiecks sind $A(1, 2)$, $B(-1, 6)$ und $C(8, 9)$. Wie heißt die Gleichung des Umkreises?

In der allgemeinen Kreisgleichung sind p, q und r unbekannt. Die zu ihrer Bestimmung nötigen drei Gleichungen erhält man, wenn man berücksichtigt, daß der Kreis durch A, B und C gehen soll (vgl. Aufgabe 2). Es ergibt sich, wie es sein muß, nur eine Lösung $p = 4$, $q = 6$, $r = 5$, und hieraus die Gleichung (vgl. Aufgabe 1).

4. Form der Gleichung, die einen Kreis darstellt. Da sich für den Kreis stets eine quadratische Gleichung mit zwei Veränderlichen ergab, so tritt die Frage auf, in welchen Fällen eine solche Gleichung

IV. Der Kreis

einen Kreis darstellt. Vor Beantwortung dieser Frage sei bemerkt, daß die **Normalform der quadratischen Gleichung mit zwei Veränderlichen** lautet $ax^2 + by^2 + cxy + dx + ey + f = 0$, wo $a, b, c \ldots$ beliebige konstante Größen bedeuten. Die Antwort auf die Frage gibt der

Lehrsatz. Jede Gleichung zweiten Grades mit zwei Veränderlichen, in der die Quadrate der beiden Veränderlichen denselben Koeffizienten besitzen, und in der das Glied mit xy fehlt, stellt im allgemeinen einen Kreis dar.

Beweis. Nach dem Lehrsatz soll eine Gleichung von der Form $ax^2 + ay^2 + bx + cy + d = 0$ einen Kreis darstellen. Um zu beweisen, daß dies richtig ist, zeigt man, daß sich die genannte Gleichung auf die Form der allgemeinen Kreisgleichung (3) bringen läßt. Hierzu dividiert man die Gleichung durch a, was stets möglich ist, wenn a von Null verschieden ist, und erhält nach kleinen Umstellungen

$$x^2 + \frac{b}{a}x + y^2 + \frac{c}{a}y = -\frac{d}{a}.$$

Addiert man jetzt auf beiden Seiten die quadratischen Ergänzungen $\frac{b^2}{4a^2}$ und $\frac{c^2}{4a^2}$, so findet man

$$\left(x + \frac{b}{2a}\right)^2 + \left(y + \frac{c}{2a}\right)^2 = \frac{b^2 + c^2 - 4ad}{4a^2}.$$

Diese Gleichung stimmt mit der allgemeinen Kreisgleichung überein und stellt einen Kreis dar, der um den Punkt $\left(-\frac{b}{2a}, -\frac{c}{2a}\right)$ mit dem Radius $\frac{\sqrt{b^2 + c^2 - 4ad}}{2a}$ beschrieben ist.

Bemerkung. Ist $b^2 + c^2 = 4ad$, so wird der Radius gleich Null, und die Gleichung stellt nur einen Punkt (den Mittelpunkt) dar. Ist $b^2 + c^2 < 4ad$, so wird der Radius imaginär, und die Gleichung hat keine geometrische Bedeutung. Es muß also, damit die Gleichung einen Kreis darstellt, $b^2 + c^2 > 4ad$ sein. — Wenn a gleich Null ist, so verschwinden die beiden Quadrate der Veränderlichen, und man erhält eine Gleichung ersten Grades, die eine gerade Linie darstellt. Setzt man den Wert $a = 0$ in die für die Koordinaten des Mittelpunktes und den Radius des Kreises vorher gefundenen Werte ein, so werden diese drei Größen unendlich groß. Man kann also die gerade Linie betrachten als einen Kreis mit unendlich großem Radius, der um einen im Unendlichen liegenden Punkt beschrieben ist.

Aufgabe. Die Koordinaten des Mittelpunktes und den Radius des Kreises zu bestimmen, dessen Gleichung $x^2 + y^2 + 4x - 8y = 16$ ist.

Bestimmt man die quadratischen Ergänzungen zu $x^2 + 4x$ und $y^2 - 8y$ und addiert diese zu beiden Seiten der gegebenen Gleichung, so findet man $(x + 2)^2 + (y - 4)^2 = 36$. Der Mittelpunkt hat also die Koordinaten -2 und $+4$, und der Radius des Kreises ist $r = 6$.

§ 14. Die Tangenten des Kreises.

1. Vorbemerkung. Aus der Planimetrie ist bekannt, daß man unter der Tangente eines Kreises eine Gerade versteht, die nur einen Punkt mit dem Kreise gemein hat, den Kreis in einem Punkte berührt. Man kann die Tangente sich dadurch aus einer Sekante entstanden denken, daß die Sekante sich um einen ihrer Schnittpunkte mit dem Kreise stets in demselben Sinne so lange gedreht hat, bis der zweite Schnittpunkt mit dem Drehpunkt zusammenfällt. Auf dieser Auffassung der Tangente als der Grenzlage einer Sekante beruht die Herleitung der Gleichung der Tangente für den Kreis und auch für die übrigen Kurven, die noch im folgenden behandelt werden sollen. Es soll daher hier der allgemeine Gang dieser Herleitung kurz geschildert werden.

Um die Gleichung der Tangente zu bestimmen, welche die Kurve im Punkte $P_1(x_1, y_1)$ berührt, nimmt man auf der Kurve noch einen zweiten Punkt $P_2(x_2, y_2)$ an. Die Gleichung der Geraden durch diese beiden Punkte lautet nach § 11, 2: $y - y_1 = \dfrac{y_1 - y_2}{x_1 - x_2}(x - x_1)$. Dies ist also die Gleichung der Sekante durch P_1 und P_2. Will man nun aus dieser Gleichung die Gleichung der Tangente herleiten, so hat man nur, da für die Tangente P_2 mit P_1 zusammenfallen muß, $x_2 = x_1$ und $y_2 = y_1$ zu setzen. Hierdurch nimmt nun aber stets der Bruch $\dfrac{y_1 - y_2}{x_1 - x_2}$ die unbestimmte Form $\dfrac{0}{0}$ an. Man erhält also eine Gleichung von der Form $y - y_1 = l(x - x_1)$, d. h. die Gleichung aller durch P_1 möglichen Geraden. Es ist dies ganz natürlich, denn man hat bei Aufstellung der Formel für die Sekante es gar nicht berücksichtigt, daß P_1 und P_2 nicht ganz beliebige Punkte, sondern nur beliebige Punkte der Kurve sind, für die man die Gleichung der Tangente bestimmen will.

Denkt man daran, daß P_1 und P_2 Punkte der Kurve sein müssen, daß also ihre Koordinaten die Kurvengleichung erfüllen, so kann man sowohl die Koordinaten von P_1 wie die Koordinaten von P_2 in die

Gleichung der Kurve einsetzen. Aus den beiden so erhaltenen Gleichungen kann man dann durch Subtraktion eine neue Gleichung herleiten, aus der sich ein Wert für $\frac{y_1 - y_2}{x_1 - x_2}$ berechnen läßt, der keinen unbestimmten Wert mehr annimmt, wenn $x_2 = x_1$ und $y_2 = y_1$ gesetzt wird. Diesen Wert setzt man für den Bruch in die zuerst erhaltene Gleichung ein. Wird nun $x_2 = x_1$ und $y_2 = y_1$, so verwandelt sich die Gleichung der Sekante in die Gleichung der Tangente. Das soeben Gesagte wird durch die folgende Herleitung der Gleichung der Kreistangente noch klarer werden.

2. Die Tangente des Kreises. Soll die Gleichung der Tangente ermittelt werden, die den Kreis $x^2 + y^2 = r^2$ in dem Punkte $P_1(x_1, y_1)$ berührt, so nimmt man auf dem Kreise noch einen zweiten Punkt $P_2(x_2, y_2)$ an. Die Gerade durch P_1 und P_2 hat dann die in 1. angegebene Gleichung, in der für den Fall, daß P_2 mit P_1 zusammenfällt, der vor $(x - x_1)$ stehende Bruch unbestimmt wird. Beachtet man, daß P_1 und P_2 Punkte des Kreises sind, so bestehen zwischen ihren Koordinaten die beiden Gleichungen $x_1^2 + y_1^2 = r^2$ und $x_2^2 + y_2^2 = r^2$. Aus diesen folgt durch Subtraktion $x_1^2 - x_2^2 + y_1^2 - y_2^2 = 0$ oder $(x_1 - x_2)(x_1 + x_2) + (y_1 - y_2)(y_1 + y_2) = 0$. Durch die letzte Gleichung findet man $\frac{y_1 - y_2}{x_1 - x_2} = -\frac{x_1 + x_2}{y_1 + y_2}$. Setzt man den gefundenen Wert in die Gleichung der Sekante ein und macht dann $x_2 = x_1$ und $y_2 = y_1$, so erhält man als Gleichung der Tangente $y - y_1 = -\frac{x_1}{y_1}(x - x_1)$. Diese Gleichung läßt sich noch auf eine einfachere Form bringen. Multipliziert man mit y_1, so erhält man nach Auflösung der Klammern

$$yy_1 - y_1^2 = -xx_1 + x_1^2 \text{ oder } yy_1 + xx_1 = x_1^2 + y_1^2.$$

Die rechte Seite dieser Gleichung ist aber nach der Kreisgleichung gleich r^2. Es ist demnach **die Gleichung der Tangente**, die den Kreis $x^2 + y^2 = r^2$ im Punkte $P_1(x_1, y_1)$ berührt,

$$xx_1 + yy_1 = r^2.$$

Hat die Gleichung des Kreises die allgemeine Form $(x-p)^2 + (y-q)^2 = r^2$, so findet man aus der soeben erhaltenen Gleichung durch Parallelverschiebung des Koordinatensystems **die allgemeine Gleichung der Kreistangente**

$$(x-p)(x_1-p) + (y-q)(y_1-q) = r^2.$$

§ 14. Tangenten des Kreises

Diese Gleichung ist stets zu benutzen, wenn die Kreisgleichung in der allgemeinen Form gegeben ist.

Bemerkung. Die für die Tangente gefundenen Gleichungen gelten, wenn man für die Veränderlichen x und y die Koordinaten eines beliebigen Punktes der Tangente einsetzt. Sie gelten also auch, wenn man für x und y die Koordinaten des Berührungspunktes schreibt. Dadurch nehmen dann die Tangentengleichungen die Gestalt der Gleichung der Kurve an, an die die Tangenten gelegt sind. Diese Tatsache erleichtert es, die Gleichungen der Tangenten dem Gedächtnis einzuprägen.

Aufgabe 1. Wie heißt die Gleichung der Tangente, die den Kreis $x^2 + y^2 = 25$ in dem Punkte berührt, dessen Abszisse $x_1 = 4$ ist?

Aus der Kreisgleichung findet man, daß $y_1 = 3$ oder -3 ist. Es gibt also zwei Tangenten, deren Berührungspunkte $P(4, 3)$ bzw. $P(4, -3)$ sind. Die Gleichungen dieser Tangenten lauten $4x + 3y = 25$ und $4x - 3y = 25$.

Aufgabe 2. Die Gleichung eines Kreises ist $x^2 + y^2 - 6x - 4y - 156 = 0$. Wie heißen die Gleichungen der Tangenten an diesen Kreis in den Punkten, deren Abszisse $x_1 = 8$ ist?

Aus der Gleichung des Kreises findet man, daß zu der Abszisse $x_1 = 8$ die Ordinaten $y_{11} = 14$ und $y_{12} = -10$ (gesprochen „y eins eins" und „y eins zwei") gehören. Bringt man die gegebene Gleichung auf die allgemeine Form der Kreisgleichung (§ 13, 4, Aufgabe), so findet man $(x-3)^2 + (y-2)^2 = 169$. Die Gleichung der Tangente an diesen Kreis lautet $(x-3)(x_1-3) + (y-2)(y_1-2) = 169$. Setzt man in diese Gleichung die Koordinaten der beiden Berührungspunkte ein, so erhält man die gesuchten Tangentengleichungen $5x + 12y = 208$ und $5x - 12y = 160$.

3. Die Kreistangente und der Radius nach ihrem Berührungspunkt. Die Richtungskonstante der Tangente, die den Kreis $x^2 + y^2 = r^2$ im Punkte $P_1(x_1, y_1)$ berührt, ist $l = -\dfrac{x_1}{y_1}$. Man erkennt dies, wenn man die Gleichung der Tangente auf die Normalform (§ 9, 3) bringt. Die Gleichung des Radius nach dem Berührungspunkt P_1 lautet $y = \dfrac{y_1}{x_1} x$ (§ 10, 3), die Richtungskonstante ist $l_1 = \dfrac{y_1}{x_1}$. Multipliziert man beide Richtungskonstanten, so findet man $l l_1 = -1$. Hieraus erkennt man nach § 12, 5 die bekannte Eigenschaft des Kreises, daß der Radius nach dem Berührungspunkt einer Tangente auf dieser senkrecht steht. Es wäre nicht richtig, diese Eigenschaft als bekannt vorauszusetzen und hierdurch die Gleichung der Tangente herzuleiten.

4. Die Tangente von einem Punkt an einen Kreis.
Aufgabe 1. Wo berühren die von dem Punkt P (7, 17) an den Kreis $x^2 + y^2 = 169$ gelegten Tangenten den Kreis?

Bezeichnet man die unbekannten Koordinaten des Berührungspunktes durch x_1 und y_1, so heißt die Gleichung der Tangente $xx_1 + yy_1 = 169$. Da auf dieser Tangente der Punkt P (7, 17) liegt, so müssen seine Koordinaten dieser Gleichung genügen. Man erhält daher als erste Gleichung zwischen den beiden Unbekannten $7x_1 + 17y_1 = 169$. Die zweite Gleichung ergibt sich daraus, daß der Berührungspunkt auf dem Kreise liegt, also seine Koordinaten die Kreisgleichung erfüllen müssen, sie lautet $x_1^2 + y_1^2 = 169$. Aus den beiden Gleichungen findet man als Berührungspunkte P_1 (-5, 12) und P_2 (12, 5).

Aufgabe 2. Die Berührungspunkte der von dem Punkt $P(-1, 7)$ an den Kreis $x^2 + y^2 = 25$ gelegten Tangenten zu bestimmen. Lösung: P_1 (3, 4) und P_2 (-4, 3).

§ 15. Schnittpunkte von Kreisen und Geraden.
Der Winkel, unter dem zwei Kreise sich schneiden.

1. Schnittpunkte von Kreis und Gerade. Wie man die Koordinaten des Schnittpunktes zweier Geraden als die gemeinschaftlichen Lösungen ihrer Gleichungen fand, in denen man die Veränderlichen als Unbekannte betrachtete (§ 12, 2), so findet man auch die Koordinaten des Schnittpunktes eines Kreises und einer Geraden. Man betrachtet die Gleichungen beider Linien als Gleichungen mit zwei Unbekannten und bestimmt die Wurzeln dieser Gleichungen. In dem vorliegenden Falle verfährt man am besten nach der Einsetzungsmethode, indem man aus der Gleichung der Geraden die eine Unbekannte bestimmt und den erhaltenen Wert in die Kreisgleichung einsetzt. Hierdurch kommt man auf eine Gleichung zweiten Grades. Die Gleichung zweiten Grades besitzt nun aber entweder zwei verschiedene reelle Wurzeln oder zwei gleiche reelle Wurzeln oder zwei komplexe Wurzeln. Die Art der Wurzeln entscheidet über die Lage der Geraden zum Kreise. Sind zwei verschiedene reelle Wurzeln vorhanden, so schneidet die Gerade den Kreis in zwei Punkten, sind die Wurzeln reell und gleich, so ist die Gerade eine Tangente des

§ 15. Schnittpunkte von Kreisen und Geraden

Kreises, findet man komplexe Wurzeln, so schneidet die Gerade den Kreis nicht.

Aufgabe. Wo schneidet die Gerade $x + y = 11$ den Kreis, der mit dem Radius $r = 10$ um den Punkt $M\,(-4,\,1)$ beschrieben ist? — In $P_1\,(4,\,7)$ und $P_2\,(2,\,9)$.

2. Schnittpunkte zweier Kreise. Ähnlich wie die Schnittpunkte eines Kreises und einer Geraden bestimmt werden, bestimmt man auch die Schnittpunkte zweier Kreise. Da sich jede Kreisgleichung in eine Form bringen läßt, in der die Quadrate der Veränderlichen den Koeffizienten Eins besitzen, so kann man durch die Subtraktion der beiden Kreisgleichungen stets eine Gleichung ersten Grades erhalten. In derselben Weise, wie oben angegeben, kommt man dann auf eine Gleichung zweiten Grades. Die Wurzeln dieser Gleichung geben dann wieder durch ihre Beschaffenheit an, ob die Kreise sich in zwei Punkten schneiden, sich berühren oder voneinander getrennt liegen.

Aufgabe 1. Wo schneiden sich die Kreise $x^2 + y^2 + 3x + 2y = 43$ und $x^2 + y^2 + x - y = 32$? — In $P_1\,(5,\,1)$ und $P_2\,(4,\,3)$.

Aufgabe 2. Wo schneidet der Kreis $x^2 + y^2 = 25$ den Kreis $(x-12)^2 + (y-9)^2 = 100$? — Die Kreise berühren sich in $P\,(4,\,3)$.

3. Der Winkel, unter dem zwei Kreise sich schneiden.

Erklärung. Der Winkel, unter dem zwei Kurven sich schneiden, ist der Winkel, den die beiden Tangenten miteinander bilden, die in dem Schnittpunkt der beiden Kurven an die Kurven gelegt sind.

Man hat also, um den Winkel zu bestimmen, unter dem zwei Kreise sich schneiden, zunächst die Schnittpunkte der Kreise zu ermitteln. Hierauf stellt man für jeden Schnittpunkt die Gleichungen der beiden Tangenten auf, die die Kreise in diesem Punkte berühren, und bestimmt dann nach § 12, 3 den Winkel, den diese beiden Tangenten miteinander bilden. Der gefundene Winkel ist der Winkel, unter dem die Kreise sich schneiden.

Aufgabe. Unter welchem Winkel schneiden sich die Kreise $x^2 + y^2 - 30x - 36y + 449 = 0$ und $x^2 + y^2 - 2x - 8y - 83 = 0$?

Die Schnittpunkte der Kreise sind $P_1\,(9,\,10)$ und $P_2\,(7,\,12)$. Die Tangenten im ersten Schnittpunkt sind $3x + 4y - 67 = 0$ und $4x + 3y - 66 = 0$ (vgl. § 14, 2, Aufgabe 2), und der Winkel, unter dem diese Tangenten sich schneiden, $\delta = 16°\,15{,}6'$. Dies ist auch der Winkel, unter dem die Kreise sich schneiden.

Fünfter Abschnitt.
Die Parabel.
§ 16. Erklärung und Gestalt der Parabel.

1. Erklärung. Eine **Parabel** ist der geometrische Ort aller Punkte, die von einem festen Punkt und einer festen Geraden gleichweit entfernt sind.[1]

2. Bemerkung. In der analytischen Geometrie hat man zunächst mit Hilfe der gegebenen Erklärung der Kurve für ein passend gewähltes Koordinatensystem die Gleichung der Kurve zu bestimmen (vgl. § 8). Ist die Gleichung gefunden, so kann man aus dieser, wie es auch im folgenden geschieht, den Verlauf der Kurve ermitteln. Hier und auch bei den später zu behandelnden Kurven soll nun aber stets zuerst durch geometrische Konstruktion die Kurve dargestellt werden, um dadurch die Wahl des Koordinatensystems und die Besprechung der Kurvengleichung leichter verständlich zu machen. Es sind ja auch die Kurven lange vor der Entdeckung der analytischen Geometrie bekannt gewesen, und alle ihre Eigenschaften, die hier analytisch hergeleitet werden sollen, lassen sich auch auf rein synthetischem Wege finden.

3. Erste Konstruktion der Parabel. Man kann die Parabel dadurch zeichnen, daß man eine größere Anzahl von Punkten derselben geometrisch konstruiert und dann die gefundenen Punkte nach dem Augenmaß oder mit Benutzung eines Kurvenlineals verbindet. Je mehr Punkte man zeichnet, um so genauer wird die Kurve.

Zur Konstruktion einer Parabel ist gegeben die feste Gerade (LL_1 Fig. 17), welche man **die Leitlinie oder die Direktrix** der Parabel nennt, und der feste Punkt F, der **der Brennpunkt** der Parabel heißt. Legt man durch den Brennpunkt die Senkrechte zur Leitlinie, welche diese in A schneidet, dann ist FA der Abstand des Punktes F von der Leitlinie. Diesen Abstand nennt man den **Halbparameter** der Parabel und bezeichnet ihn durch p. Es ist

---
[1] Ebenes Problem! Im Raume wäre es der (parabolische) Zylinder mit jener Parabel als Normalschnitt.

§ 16. Erklärung und Gestalt der Parabel

nun sofort klar, daß kein Punkt der Parabel auf der Seite der Leitlinie liegen kann, auf welcher der Punkt F sich nicht befindet, denn alle Punkte dieser Seite sind von F weiter entfernt als von der Leitlinie. Auch auf der Seite, auf der F liegt, gibt es noch ein Gebiet, in dem kein Parabelpunkt liegen kann. Errichtet man nämlich auf FA die Mittelsenkrechte OY, so erkennt man, daß zwischen den beiden Parallelen LL_1 und OY ebenfalls alle Punkte weiter von F entfernt sind als von LL_1. Auch die Punkte der Mittelsenkrechten OY können keine Parabelpunkte sein mit Ausnahme des Punktes O. Dieser Punkt O ist also der der Leitlinie am nächsten liegende Punkt der Parabel. Er heißt **der Scheitel der Parabel**. Will man nun in dem noch übriggebliebenen Teile der Ebene die Parabelpunkte finden, so errichtet man auf der Geraden AF in einem beliebigen Punkte B die Senkrechte und beschreibt hierauf mit AB um F den Kreis. Die Punkte P und P_1, in denen dieser Kreis die Senkrechte schneidet, sind dann Punkte der Parabel. Die beiden gefundenen Punkte liegen symmetrisch zu AF, und ebenso auch alle anderen Punkte der Parabel, die man noch konstruieren mag. Die Linie AF nennt man daher **die Achse der Parabel**. Weiter erkennt man aus der Konstruktion, daß die Parabelpunkte mit wachsender Entfernung von der Leitlinie sich auch immer weiter von der Achse entfernen. Die Parabel ist eine nicht geschlossene Kurve. Die Strecke FP, welche den Brennpunkt mit einem Punkt der Parabel verbindet, heißt **der Radiusvektor oder Brennstrahl** nach diesem Punkte.

4. Zweite Konstruktion der Parabel (Fig. 18). Man zieht vom Brennpunkt F nach einem beliebigen Punkt G der Leitlinie die Gerade FG, errichtet auf dieser die Mittelsenkrechte und im Punkte G auf der Leitlinie die Senkrechte. Der Schnittpunkt P beider Senkrechten ist ein Punkt der Parabel. Da PG senkrecht auf LA steht, ist PG die Entfernung des Punktes P von der Leitlinie, PG ist aber gleich PF, da P ein Punkt der Mittelsenkrechten auf FG ist. Diese Konstruktion ist nicht so brauchbar wie die vorhergehende, da sie

Fig. 18.

stets nur einen Punkt der Parabel liefert. Man versuche, auch auf Grund dieser Konstruktion sich die Gestalt der Parabel herzuleiten.

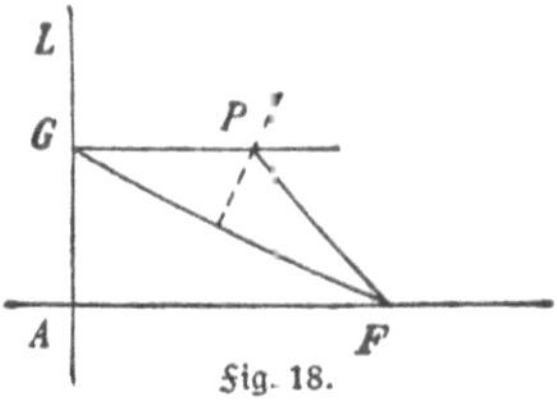

V. Die Parabel

§ 17. Die Gleichung der Parabel.

1. Die Scheitelgleichung der Parabel (Fig. 19). Der feste Punkt sei F, die feste Gerade LL_1. Als Abszissenachse wählt man die Gerade, die durch F geht und auf LL_1 senkrecht steht. Der Punkt, in welchem diese Senkrechte die Gerade LL_1 trifft, sei A. Als Ordinatenachse nimmt man die Gerade, welche im Mittelpunkt O von AF auf AF senkrecht steht. Die Strecke AF wird durch p bezeichnet. Nimmt man nun an, $P(x, y)$ sei ein beliebiger Punkt der Parabel, so handelt es sich darum, zwischen den Koordinaten dieses Punktes eine Gleichung aufzustellen. Zu diesem Zweck verbindet

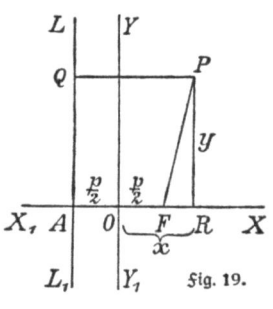

Fig. 19.

man P mit F und fällt von P auf LL_1 die Senkrechte PQ, dann muß nach der Erklärung der Parabel $PF = PQ$ sein. Nun ist aber, wie man aus der Figur erkennt, $PF = \sqrt{y^2 + \left(x - \frac{p}{2}\right)^2}$ und $PQ = x + \frac{p}{2}$. Man erhält demnach die Gleichung $\sqrt{y^2 + \left(x - \frac{p}{2}\right)^2} = x + \frac{p}{2}$.

Aus dieser Gleichung findet man durch Quadrieren, Auflösung der Klammer und Zusammenfassen einzelner Glieder **die Scheitelgleichung der Parabel**

$$y^2 = 2px.$$

Die gefundene Gleichung heißt Scheitelgleichung, da sie gilt, wenn der Scheitel der Parabel im Anfangspunkt des Koordinatensystems liegt. Die Achse der Parabel fällt mit der positiven Richtung der Abszissenachse zusammen.

2. Untersuchung der Gestalt der Parabel mit Hilfe der gefundenen Gleichung. Aus der Gleichung $y^2 = 2px$ folgt $y = \pm \sqrt{2px}$. Ist $x = 0$, so ist auch $y = 0$, die Parabel geht also durch den Anfangspunkt des Koordinatensystems. Für negative Werte von x werden die Werte von y imaginär, es liegt also im zweiten und dritten Quadranten kein Punkt der Kurve. Jedem positiven Wert von x entsprechen zwei absolut gleiche, aber dem Vorzeichen nach verschiedene Werte von y, die mit wachsendem x immer größer werden; ist $x = \infty$, so ist auch $|y| = \infty$.[1]) Die im ersten und vierten Quadranten liegenden

---

1) Lies „absoluter Betrag von y".

§ 17. Gleichung der Parabel

Stücke der Kurve sind also symmetrisch zur Abszissenachse und entfernen sich immer weiter von der Achse. Daß bei diesem Verlauf die beiden Stücke stets ihre konkave Seite der Abszissenachse zuwenden und nicht, wie es auch sein könnte, ihre konvexe Seite, erkennt man aus der im vorhergehenden Paragraphen angegebenen Konstruktion. Rein analytisch läßt sich dies erst mit Hilfe der Differentialrechnung zeigen.

Aufgabe 1. Der Scheitel einer Parabel liegt im Anfangspunkt des Koordinatensystems, und ihr Brennpunkt ist der Punkt $F(3, 0)$. Wie heißt die Gleichung der Parabel?

Die Abszisse des Brennpunktes ist $\frac{p}{2}$, also $p = 6$, und die Gleichung $y^2 = 12x$.

Aufgabe 2. Eine Parabel, deren Scheitel im Anfangspunkt des Koordinatensystems liegt, und deren Achse in die Abszissenachse fällt, geht durch den Punkt $P(9, 12)$. Wie heißt die Gleichung der Parabel?

Die Scheitelgleichung der Parabel lautet $y^2 = 2px$. Da die Parabel durch den gegebenen Punkt gehen soll, so muß $144 = 18p$, also $p = 8$ sein. Die Gleichung lautet $y^2 = 16x$.

3. Bemerkung. Die Gleichung $y^2 = -2px$ stellt eine Parabel dar, die im zweiten und dritten Quadranten verläuft, und deren Achse mit der negativen Richtung der Abszissenachse zusammenfällt. Die Gleichung $x^2 = 2py$ bedeutet eine Parabel, die im ersten und zweiten Quadranten liegt, und deren Achse die positive Richtung der Ordinatenachse ist. Die Parabel $x^2 = -2py$ liegt im dritten und vierten Quadranten symmetrisch zur negativen Richtung der Ordinatenachse.

4. Allgemeinere Gleichung der Parabel. Hat der Scheitel der Parabel die Koordinaten a und b, und ist ihre Achse der Abszissenachse parallel, so kann man ihre Gleichung aus der Scheitelgleichung herleiten, wenn man das Koordinatensystem parallel zu seiner ursprünglichen Lage so verschiebt, daß der Anfangspunkt des Systems mit dem Punkt (a, b) zusammenfällt. Man erhält dann (vgl. § 5, 1) als **allgemeinere Gleichung der Parabel:**

$$(y - b)^2 = 2p(x - a).$$

Aufgabe 1. Der Scheitel einer Parabel ist der Punkt $A(5, 7)$, ihre Achse ist der Abszissenachse parallel, und ihr Halbparameter $p = 11$. Wie heißt die Gleichung der Parabel? $(y - 7)^2 = 22(x - 5)$ oder $y^2 - 14y - 22x + 159 = 0$.

Aufgabe 2. Die Gleichung der Parabel zu ermitteln, die durch die Punkte P_1 (2, 5), P_2 (5, 7) und P_3 (10, 9) hindurchgeht.[1])

Setzt man in die allgemeinere Gleichung der Parabel nacheinander die Koordinaten der gegebenen Punkte für x und y ein, so erhält man drei Gleichungen, aus denen a, b und p bestimmt werden können. Man findet $(y-3)^2 = 4(x-1)$.

5. Form der Gleichung, die eine Parabel darstellt.

Lehrsatz. **Jede Gleichung zweiten Grades mit zwei Veränderlichen, in der das Quadrat der einen Veränderlichen und das Glied mit xy fehlt, stellt eine Parabel dar, deren Achse einer der Achsen des Koordinatensystems parallel ist oder mit ihr zusammenfällt.**

Die Gleichung $ay^2 + by + cx + d = 0$ wird ähnlich behandelt wie die Kreisgleichung § 13, 4 und dadurch auf die allgemeinere Gleichung der Parabel zurückgeführt. Der hierbei einzuschlagende Weg läßt sich leicht erkennen aus der Lösung der folgenden

Aufgabe. Welche Kurve wird durch die Gleichung $y^2 - 8y + 6x + 28 = 0$ dargestellt?

Lösung. Aus der gegebenen Gleichung folgt $y^2 - 8y = -6x - 28$. Addiert man zu beiden Seiten die quadratische Ergänzung der linken Seite, also 16, so findet man $(y-4)^2 = -6(x+2)$. Die Kurve ist also eine Parabel, deren Scheitel der Punkt $(-2, 4)$ ist, die sich wegen des negativen Vorzeichens der rechten Seite nach links öffnet, und deren Halbparameter $p = 3$ ist.

§ 18. Tangente, Normale, Subtangente und Subnormale.

1. Die Gleichung der Tangente der Parabel. Die Gleichung der Parabeltangente wird genau nach dem § 14, 1 angegebenen Verfahren, das bereits bei der Herleitung der Gleichung der Kreistangente § 14, 2 angewendet wurde, gefunden. Um den Bruch, der für $x_2 = x_1$ und $y_2 = y_1$ unbestimmt wird, durch einen anderen zu ersetzen, hat man nur zu beachten, daß P_1 und P_2 Punkte der Parabel sind. Man erhält dadurch aus der Parabelgleichung $y^2 = 2px$ die beiden Gleichungen $y_1^2 = 2px_1$ und $y_2^2 = 2px_2$. Aus diesen Gleichungen folgt durch Subtraktion
$(y_1 - y_2)(y_1 + y_2) = 2p(x_1 - x_2)$ und hieraus $\dfrac{y_1 - y_2}{x_1 - x_2} = \dfrac{2p}{y_1 + y_2}$.
Setzt man den zuletzt erhaltenen Bruch in die Gleichung der Sekante ein und läßt dann $x_2 = x_1$ und $y_2 = y_1$ werden, so erhält man als

---
[1]) Parabelachse parallel X-Achse.

§ 18. Tangente und Normale der Parabel

Gleichung der Tangente $y - y_1 = \frac{p}{y_1}(x - x_1)$. Multipliziert man diese Gleichung mit y_1, so findet man $yy_1 - y_1^2 = px - px_1$ oder $yy_1 = y_1^2 + px - px_1$. Auf der rechten Seite der letzten Gleichung kann man nach der Parabelgleichung y_1^2 durch $2px_1$ ersetzen und erhält so als **Gleichung der Parabeltangente**

$$yy_1 = p(x + x_1).$$

Ist die Gleichung der Parabel in der allgemeineren Form (§ 17, 4) gegeben, so lautet die Gleichung der Tangente, welche die Parabel in dem Punkte (x_1, y_1) berührt, $(y - b)(y_1 - b) = p(x + x_1 - 2a)$.

Bemerkung. Man beachte auch für die Parabeltangente das § 14, 2, Bemerkung über die Kreistangente Gesagte.

Aufgabe 1. Wie heißen die Gleichungen der Tangenten, die die Parabel $y^2 = 4x$ in den Punkten berühren, deren Ordinaten $y_1 = 6$ und $y_2 = 8$ sind?

Aus der Parabelgleichung findet man die zu den gegebenen Ordinaten gehörenden Abszissen $x_1 = 9$ und $x_2 = 16$. Die Gleichungen der Tangenten sind $6y = 2(x + 9)$ und $8y = 2(x + 16)$ oder $3y - x = 9$ und $4y - x = 16$.

Aufgabe 2. Wie heißen die Gleichungen der Tangenten, die die Parabel $y^2 - 12y - 6x + 24 = 0$ in den Punkten berühren, deren Abszisse $x_1 = 22$ ist?

Zunächst wird aus der Parabelgleichung y_1 bestimmt, dann wird die Parabelgleichung auf die allgemeinere Form gebracht und hiernach die Gleichung der Tangente aufgestellt. Die Tangenten haben die Gleichungen $4y - x - 50 = 0$ und $4y + x + 2 = 0$.

2. Normale, Subtangente und Subnormale einer Kurve.

Erklärung 1. **Normale** einer Kurve in einem Punkte ist die Gerade, welche auf der Tangente senkrecht steht, die in dem Punkt an die Kurve gelegt ist.

Die Gleichung der Normale findet man durch folgende Überlegung. Ist $P_1(x_1, y_1)$ der Kurvenpunkt, für den man die Normale bestimmen will, so geht man davon aus, daß die Gleichung jeder durch P_1 gehenden Geraden $y - y_1 = l(x - x_1)$ sein muß (§ 11, 1). Soll die Gerade Normale sein, so muß über l so verfügt werden, daß die Gerade auf der Tangente in P_1 senkrecht steht. Man ermittelt daher aus der Gleichung der Tangente in P_1 die Richtungskonstante derselben und setzt dann l gleich dem negativen reziproken Wert dieser Richtungskonstante (§ 12, 5).

Erklärung 2. Unter **Länge einer Tangente** und **Länge einer Normale** versteht man das Stück dieser unendlich langen Geraden, welches zwischen dem Punkt, den sie mit der Kurve gemein haben, und ihrem Schnittpunkt mit der Abszissenachse liegt. PT und PN (Fig. 20).

Erklärung 3. Subtangente für einen Kurvenpunkt ist die Projektion der Länge der zu dem Punkt gehörenden Tangente auf die Abszissenachse. TQ (Fig. 20).

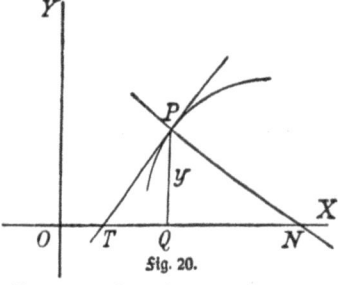

Fig. 20.

Erklärung 4. Subnormale für einen Kurvenpunkt ist die Projektion der Länge der zu dem Punkt gehörenden Normale auf die Abszissenachse. QN (Fig. 20).

Aus dem rechtwinkligen Dreieck TPN erkennt man sofort den für jede Kurve geltenden

Lehrsatz. Die Ordinate eines Kurvenpunktes ist die mittlere Proportionale zwischen der zugehörigen Subtangente und Subnormale.

3. Eigenschaften der Subtangente und Subnormale der Parabel. Der Punkt, in dem die Parabeltangente $yy_1 = p(x + x_1)$ die Abszissenachse schneidet, hat die Ordinate $y = 0$. Setzt man diesen Wert in die Gleichung der Tangente ein, so findet man $0 = x + x_1$ und hieraus als zugehörigen Wert der Abszisse $x = -x_1$. Die Tangente einer Parabel schneidet also die Abszissenachse in einem Punkte auf der negativen Seite, der ebensoweit vom Anfangspunkt des Koordinatensystems (dem Scheitel der Parabel) entfernt ist, wie der Fußpunkt des vom Berührungspunkt der Tangente auf die Abszissenachse gefällten Lotes. $OT = OQ$ (Fig. 21). Dies ergibt den

Lehrsatz 1. Die zu einer Parabeltangente gehörende Subtangente ist gleich der doppelten Abszisse ihres Berührungspunktes.

Bezeichnet man die zu dem Parabelpunkt P_1 gehörende Subnormale durch s_n, so muß, da die Subtangente gleich $2x_1$ ist, nach

§ 18. Subtangente und Subnormale der Parabel

2. Lehrsatz die Gleichung bestehen $2x_1 \cdot s_n = y_1^2$. Nun ist aber nach der Parabelgleichung $y_1^2 = 2px_1$. Setzt man diesen Wert für y_1^2 in die letzte Gleichung ein, so findet man $s_n = p$. Hieraus folgt der

Lehrsatz 2. Die Subnormale einer Parabel besitzt für alle Punkte denselben Wert, und zwar ist sie gleich dem Halbparameter.

4. Konstruktion der Parabeltangente. Die soeben gefundenen Eigenschaften der Subtangente und Subnormale der Parabel können benutzt werden zur Lösung der

Aufgabe. In einem gegebenen Punkte P_1 an die Parabel die Tangente zu legen.

a) Lösung mit Benutzung der Subtangente (Fig. 21). Man fällt von dem Punkte P_1 auf die Achse der Parabel das Lot P_1Q. Hierauf trägt man die Strecke QO zwischen dem Fußpunkt dieses Lotes und dem Scheitel der Parabel vom Scheitel aus auf dem außerhalb der Parabel liegenden Teil der Achse ab bis T; es ist dann QT die

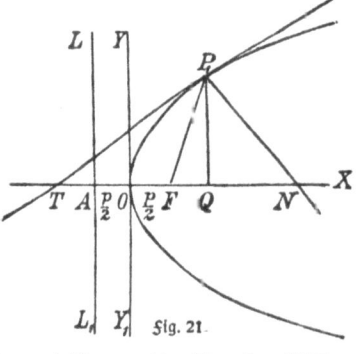

Fig. 21.

Subtangente für den Punkt P_1. Nun zieht man die Gerade TP_1.

b) Lösung mit Benutzung der Subnormale (Fig. 21). Man fällt von P_1 das Lot P_1Q auf die Achse und trägt von Q aus auf dem Teil der Achse, welcher vom Scheitel abgewendet ist, die Strecke $QN = AF = p$ ab. Es ist dann QN die Subnormale für den Punkt P_1. Die Tangente findet man, wenn man N mit P_1 verbindet und auf dieser Verbindungslinie in P_1 das Lot errichtet.

5. Einige Aufgaben über die Tangente.

Aufgabe 1. An die Parabel $y^2 = 5x$ ist die Tangente gelegt, welche der Geraden $4y - x - 19 = 0$ parallel ist. Welches sind die Koordinaten des Berührungspunktes der Tangente?

Sind x_1 und y_1 die unbekannten Koordinaten des Berührungspunktes, so heißt die Gleichung der Tangente $yy_1 = \frac{5}{2}(x + x_1)$. Die Richtungskonstante der Tangente ist also $\frac{5}{2y_1}$. Die gegebene Gerade besitzt die Richtungskonstante $\frac{1}{4}$. Soll die Tangente der Geraden par-

44   V. Die Parabel

allel fein, so muß die Gleichung bestehen $\frac{5}{2y_1} = \frac{1}{4}$ (§ 12, 4). Aus dieser Gleichung findet man $y_1 = 10$, und hieraus durch die Gleichung der Parabel $x_1 = 20$.

Aufgabe 2. Von dem Punkte P_1 (3, 4) sind an die Parabel $y^2 = 4x$ die beiden Tangenten gelegt. Wie heißen die Koordinaten der Berührungspunkte?

Ähnlich, wie in § 14, 4 angegeben, findet man als Berührungspunkte P_1 (9, 6) und P_2 (1, 2).

§ 19. Schnitte der Parabel mit anderen Linien.

Die Schnittpunkte der Parabel mit einer anderen Linie werden in derselben Weise gefunden, wie es § 15, 1 näher erklärt ist. Es genügt daher, einige Aufgaben dieser Art anzugeben.

Aufgabe 1. In welchen Punkten schneidet die Gerade $x - 5y + 18 = 0$ die Parabel, deren Gleichung $y^2 = 3x$ ist? — In P_1 (27, 9) und P_2 (12, 6).

Aufgabe 2. Wo wird die Parabel $y^2 = 4x$ von dem Kreise geschnitten, dessen Gleichung $x^2 - 22x + y^2 + 81 = 0$ ist?

Der Kreis berührt die Parabel in P_1 (9, 6) und P_2 (9, —6).

Aufgabe 3. Die Schnittpunkte der Parabeln $y^2 = 8x$ und $x^2 = 27y$ zu bestimmen. — P_1 (0, 0) und P_2 (18, 12).

Aufgabe 4. Wo schneidet die Gerade $5y - x = 18$ die Parabel $y^2 = 3x$? Wie heißen die Gleichungen der Tangenten in den Schnittpunkten, und unter welchem Winkel schneiden sich die Tangenten?

Schnittpunkte sind P_1 (27, 9) und P_2 (12, 6); Tangenten $6y - x = 27$ und $4y - x = 12$; $\delta = 4° 34,4'$.

Aufgabe 5. Um den Brennpunkt der Parabel $y^2 = 16x$ ist mit dem Radius $r = 40$ der Kreis beschrieben. Wie heißt die Gleichung dieses Kreises? Wo schneidet er die Parabel? Wie heißen die Gleichungen der Tangenten in dem Schnittpunkt im ersten Quadranten, und unter welchem Winkel schneiden sich die Kurven?

Kreisgleichung $(x - 4)^2 + y^2 = 1600$; Schnittpunkte P_1 (36, 24) und P_2 (36, —24); Parabeltangente $3y - x = 36$, Kreistangente $3y + 4x = 216$; Winkel der Kurven $\delta = 71° 33,9'$ (vgl. § 15, 3).

§ 20. Durchmesser der Parabel.

1. Erklärung. Durchmesser der Parabel heißt jede Gerade, welche der Achse der Parabel parallel ist.

§ 20. Durchmesser der Parabel

An späterer Stelle (§ 35, 5) wird der Grund für diese Benennung klar werden.

2. Eigenschaft des Durchmessers. Eine besondere Eigenschaft des Parabeldurchmessers findet man bei der Lösung der folgenden

Aufgabe 1. Die Parabel $y^2 = 2px$ wird von der Geraden $y = lx + m$ geschnitten. Es soll die Ordinate des Mittelpunktes der durch die Gerade bestimmten Parabelsehne ermittelt werden.

Lösung. Die Ordinate des Mittelpunktes einer Strecke ist gleich der halben Summe der Ordinaten ihrer Endpunkte (§ 3, 1). Man hat also zunächst die Ordinaten der Endpunkte der Sehne, d. h. die Ordinaten der Schnittpunkte der Geraden und der Parabel zu bestimmen. Diese Ordinaten sind aber die Wurzeln der quadratischen Gleichung, welche man erhält, wenn man aus der Gleichung der Geraden den Wert von x bestimmt und in die Gleichung der Parabel einsetzt. Die Gleichung lautet: $y^2 - \frac{2p}{l} y + \frac{2pm}{l} = 0$. Da nun in jeder geordneten quadratischen Gleichung die Summe der Wurzeln gleich dem Koeffizienten des zweiten Gliedes mit entgegengesetztem Vorzeichen ist, und da man zur Bestimmung der Ordinate des Sehnenmittelpunktes nur die halbe Summe der Ordinaten ihrer Endpunkte zu kennen braucht, so hat man gar nicht nötig, die gefundene Gleichung weiter zu lösen. Man findet sofort aus dem Koeffizienten von y, daß die gesuchte Ordinate den Wert $\frac{p}{l}$ haben muß. Der soeben gefundene Wert enthält die Größe m aus der Gleichung der Geraden nicht, er ist also für alle Geraden, die dieselbe Richtungskonstante l haben, d. h. für alle einander parallelen Geraden derselbe. Hieraus erkennt man sofort die Tatsache, welche ausgesprochen ist in dem folgenden

Lehrsatz. Die Mittelpunkte paralleler Sehnen einer Parabel liegen auf einem Durchmesser.

Weiter erkennt man: **Die Gleichung des Durchmessers**, der die Sehnen der Parabel $y^2 = 2px$ halbiert, deren Richtungskonstante gleich l ist, lautet

$$y = \frac{p}{l}.$$

Die Achse der Parabel ist auch ein Durchmesser. Die Sehnen, die er halbiert, stehen auf ihm senkrecht.

46   V. Die Parabel

Aufgabe 2. Wie heißt die Gleichung des Durchmessers der Parabel $y^2 = 16x$, der die zu der Geraden $6y - 4x = 11$ parallelen Sehnen halbiert?

Es ist $p = 8$, die Richtungskonstante der Geraden $l = \dfrac{2}{3}$, also die Gleichung des Durchmessers $y = 12$.

Aufgabe 3. Die Gleichung einer Parabel ist $y^2 = 6x$ und die Gleichung eines ihrer Durchmesser $y = 5$. Unter welchem Winkel schneiden die Sehnen, welche der Durchmesser halbiert, die Achse der Parabel?

Es ist $p = 3$, $y = 5$, und daher $l = \mathrm{tng}\, \alpha = 0,6$, also $\alpha = 30^\circ\, 57,8'$.

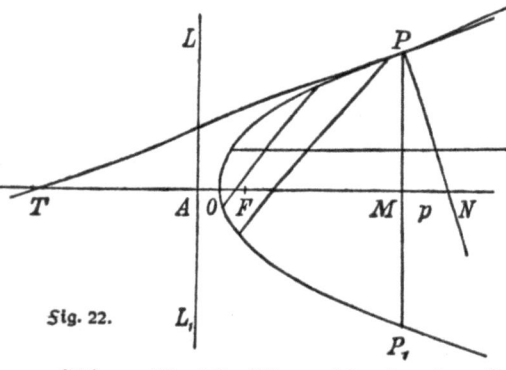

Fig. 22.

3. Konstruktion des Scheitels und Brennpunktes einer Parabel. Durch die soeben gefundene Eigenschaft der Parabel löst man die

Aufgabe. Zu einer gegebenen Parabel den Scheitel und den Brennpunkt zu konstruieren.

Lösung (Fig. 22). Man zeichnet zwei parallele Sehnen und durch ihre Mittelpunkte den Durchmesser. Nun zieht man eine auf diesem Durchmesser senkrechte Sehne PP_1 und halbiert dieselbe, dann ist der Mittelpunkt M ein Punkt der Achse. Die Achse findet man nun, indem man durch M zu dem ersten Durchmesser die Parallele zieht. Der Punkt O, in dem die Achse die Parabel schneidet, ist der Scheitel. Um den Brennpunkt zu bestimmen, konstruiert man in P die Tangente an die Parabel (§ 18, 4) und senkrecht auf ihr die Normale, welche die Achse in N schneiden möge. Es ist dann $MN = p$ (§ 18, 3, Lehrs. 2), und man hat nur noch um den Scheitel O mit der Hälfte von p den Kreis zu beschreiben, um den Brennpunkt zu finden.

4. Konstruktion der Sehne, die ein Durchmesser halbiert. Die Sehne einer Parabel geht durch Parallelverschiebung schließlich in die Tangente über, die die Parabel in dem Punkte berührt, in welchem der die Sehne halbierende Durchmesser die Parabel schneidet. Es läßt

§ 21. Lage der Tangente zu Durchmesser und Vektor

sich dies auch analytisch beweisen. Die Ordinate des Punktes, in welchem der Durchmesser die Parabel $y^2 = 2px$ schneidet, ist $y_1 = \frac{p}{l}$. Durch Einsetzen dieses Wertes in die Parabelgleichung findet man für die Abszisse des Schnittpunktes $x_1 = \frac{p}{2l^2}$. Die Gleichung der Tangente, die in dem Schnittpunkt an die Parabel gelegt ist, lautet demnach $y \cdot \frac{p}{l} = p\left(x + \frac{p}{2l^2}\right)$ oder $y = lx + \frac{p}{2l}$. Die Richtungskonstante der Tangente ist daher gleich l, d. h. gleich der Richtungskonstante der Sehne, die der Durchmesser halbiert. Es besteht also der

Lehrsatz. Die Tangente einer Parabel ist den Sehnen parallel, welche der durch ihren Berührungspunkt gehende Durchmesser halbiert.

Mit Hilfe dieses Satzes löst man die

Aufgabe. Ein Durchmesser einer Parabel und ein Punkt der Parabel sind gegeben. Es soll durch den Punkt die Sehne gezogen werden, welche der gegebene Durchmesser halbiert.

Lösung. Man legt an die Parabel in dem Punkt, in welchem sie von dem Durchmesser geschnitten wird, die Tangente und zieht dann durch den gegebenen Parabelpunkt die Parallele zu dieser Tangente.

§ 21. Lage der Tangente und Normale zu Durchmesser und Radiusvektor.

1. Lage der Tangente. In Fig. 23 ist für den Parabelpunkt P_1 die Tangente P_1T, der Radiusvektor P_1F, die Normale P_1Q, die Ordinate P_1F und der Durchmesser DD_1 gezeichnet. Nach der Erklärung der Parabel ist der Radiusvektor P_1F gleich dem Abstand des Punktes P_1 von der Leitlinie LL_1, der gleich der Strecke AQ ist. Es besteht daher die Gleichung $P_1F = OQ - OA$ $= x_1 + \frac{p}{2}$. Wegen der § 18, 3 ge-

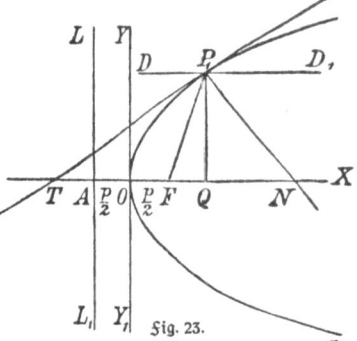
Fig. 23.

fundenen Eigenschaft der Subtangente ist $TF = TO + OF = x_1 + \frac{p}{2}$. Daher ist $P_1F = TF$. Das Dreieck TFP_1 ist also gleichschenklig, und als

Basiswinkel $\sphericalangle TP_1F = \sphericalangle P_1TF$. Nun ist aber als Wechselwinkel an Parallelen auch $\sphericalangle DP_1T = \sphericalangle P_1TF$, also muß $\sphericalangle TP_1F = \sphericalangle DP_1T$ sein. Hieraus folgt der

Lehrsatz. Die Tangente einer Parabel halbiert den Winkel, den der Durchmesser durch ihren Berührungspunkt mit dem Radiusvektor nach ihrem Berührungspunkt bildet.

2. Lage der Normale. Halbiert eine Gerade einen Winkel, so halbiert nach einem bekannten Satz der Planimetrie die Senkrechte, welche auf der Geraden im Scheitel des Winkels errichtet wird, den Nebenwinkel. Hiernach folgt aus dem vorher gefundenen Lehrsatz für die Normale der

Lehrsatz. Die Normale einer Parabel halbiert den Winkel, den der Durchmesser und Radiusvektor nach ihrem Schnittpunkt mit der Parabel miteinander bilden.

3. Parabolische Flächen. Trifft ein Lichtstrahl eine ebene spiegelnde Fläche, so wird er nach dem Reflexionsgesetz so reflektiert, daß der Einfallswinkel gleich dem Reflexionswinkel ist, und daß der einfallende Strahl, das Einfallslot, und der reflektierte Strahl in einer Ebene liegen. Bei gekrümmten Flächen gilt dasselbe Gesetz, es ist dann das Einfallslot die Normale der Fläche in dem von dem Lichtstrahl getroffenen Punkt.

Dreht sich eine Parabel um ihre Achse, so beschreibt sie eine parabolische Fläche.[1]) Diese Fläche besitzt also die Eigenschaft, daß sie von jeder Ebene, die durch die Drehungsachse gelegt wird, in einer Parabel geschnitten wird. Alle diese Parabeln besitzen dieselbe Achse, nämlich die Drehungsachse, und denselben Brennpunkt F, nämlich den Brennpunkt der Parabel, die bei ihrer Drehung die Fläche erzeugt, denn der Punkt F bleibt bei der Drehung in Ruhe. Es müssen daher alle Lichtstrahlen, welche parallel zur Achse der parabolischen Fläche verlaufen, also Durchmesser einer der Parabeln sind, wenn sie auf die parabolische Fläche (den parabolischen Spiegel) treffen, nach 2. Lehrsatz so reflektiert werden, daß sie nach der Reflexion durch den Punkt F gehen. Treffen Wärmestrahlen die parabolische Fläche, so werden sie nach der Reflexion ebenfalls in F vereinigt. Man kann daher einen im Punkte F befindlichen leicht entzündbaren Körper durch parallel zur Achse auf die parabolische Fläche auffallende Wärmestrahlen zum Brennen bringen. Wegen dieser Eigenschaft hat man den Punkt F den Brennpunkt der Parabel genannt.

---

[1] Rotationsparaboloid.

Sechster Abschnitt.
Die Ellipse.
§ 22. Erklärung und Gestalt der Ellipse.

1. Erklärung. Eine **Ellipse** ist der geometrische Ort aller Punkte, für welche die Summe der Entfernungen von zwei festen Punkten einen unveränderlichen Wert besitzt.[1]

Die beiden festen Punkte, welche man durch F und F_1 bezeichnet, nennt man die **Brennpunkte** der Ellipse. Den Abstand der beiden festen Punkte voneinander bezeichnet man durch $2e$ und nennt e **die lineare Exzentrizität**. Die Linien, welche einen beliebigen Punkt P der Ellipse mit den beiden Brennpunkten verbinden, heißen **Radienvektoren** oder **Brennstrahlen**. Man setzt $PF = r$ und $PF_1 = r_1$. Die konstante Summe der Entfernungen jedes Punktes der Ellipse von den festen Punkten F und F_1 wird durch $2a$ bezeichnet, so daß für jeden Punkt P die Gleichung besteht $r + r_1 = 2a$.

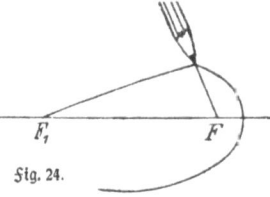

Fig. 24.

Stets muß bei der Ellipse $2a$ größer als $2e$, also auch $a > e$ sein, da in jedem Dreieck die Summe zweier Seiten größer ist als die dritte Seite.

2. Die Fadenkonstruktion der Ellipse (Fig. 24). Man stellt die beiden Spitzen eines Zirkels auf die beiden Brennpunkte F und F_1, legt dann über den Zirkel einen geschlossenen Faden und zieht diesen durch einen Zeichenstift, wie in der Figur angegeben, straff. Bewegt man nun den Zeichenstift so auf dem Papier entlang, daß der Faden durch ihn stets straff gespannt ist, so beschreibt der Stift eine Ellipse. Es ist nämlich die Summe der beiden Fadenteile, welche von der Spitze des Zeichenstiftes nach F und F_1 führen, stets gleich der unveränderlichen Länge des ganzen Fadens, vermindert um das Stück zwischen F und F_1. In dieser Weise kann man sich sehr einfach eine Vorstellung von der Gestalt der Ellipse verschaffen.

3. Punktkonstruktion der Ellipse. Man kann die Ellipse auch dadurch zeichnen, daß man eine größere Anzahl ihrer Punkte einzeln konstruiert und die gefundenen Punkte nachher verbindet, wie es bei der Parabel (§ 16, 3 u. 4) gemacht wurde.

Es ist zunächst leicht, die Punkte zu finden, deren Entfernungen

---

[1] Ebenes Problem! Im Raume wäre es das entsprechende Rotationsellipsoid.

VI. Die Ellipse

von F und F_1 einander gleich, also gleich a sind. Hierzu beschreibt man mit a um F und F_1 die Kreise. Die Schnittpunkte B und B_1 (Fig. 25) dieser Kreise sind die gesuchten Punkte. Die Punkte B und B_1 liegen auf der Mittelsenkrechten auf der Strecke FF_1, ihre Entfernung vom Mittelpunkt O der Strecke FF_1 bezeichnet man durch b, so daß **$BB_1 = 2b$** ist. Kein Punkt der Ellipse liegt weiter von FF_1 entfernt als B und B_1.

Zwischen b, e und a besteht, wie man leicht aus dem rechtwinkligen Dreieck in der Figur erkennt, die Gleichung **$b^2 = a^2 - e^2$**.

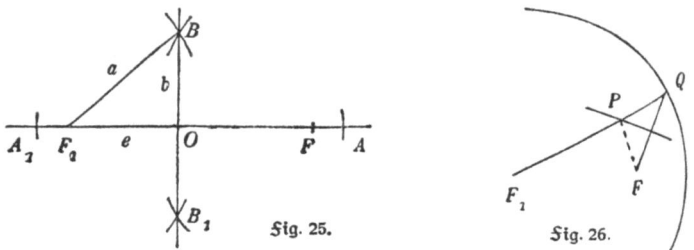

Fig. 25. Fig. 26.

Auch auf der Geraden FF_1 lassen sich leicht Punkte der Ellipse bestimmen. Sie müssen, da $a > e$ ist, außerhalb der Strecke FF_1 liegen. Man findet sie, indem man mit a um den Mittelpunkt O von FF_1 den Kreis beschreibt, der die Gerade in A und A_1 schneidet. Diese Punkte sind Punkte der Ellipse, denn jeder von ihnen ist von dem einen Brennpunkt um die Strecke $a + e$, von dem anderen um die Strecke $a - e$ entfernt, die Summe dieser beiden Strecken ist aber gleich $2a$. Nach der Konstruktion ist die Strecke **$AA_1 = 2a$**. Kein Punkt der Ellipse liegt weiter von der Mittelsenkrechten auf FF_1 entfernt als A und A_1.

Die übrigen Punkte der Ellipse liegen symmetrisch sowohl zu BB_1 wie zu AA_1. Man nennt daher diese beiden Strecken **die Achsen der Ellipse**. Da in dem Dreieck FOB a die Hypotenuse ist, muß a stets größer als b sein. Aus diesem Grunde heißt AA_1 **die große Achse** und BB_1 **die kleine Achse** der Ellipse. Die vier Punkte A, A_1, B, B_1 werden die **Scheitel der Ellipse** genannt.

Die Konstruktion jedes weiteren Ellipsenpunktes kann nun in folgender Weise ausgeführt werden. Man beschreibt mit $2a$ um einen der Brennpunkte, etwa F_1, den Kreis (Fig. 26). Nun nimmt man auf dem Kreise einen beliebigen Punkt Q an, verbindet diesen mit den beiden Brennpunkten und errichtet auf FQ die Mittelsenkrechte, welche FQ in P schneiden möge. Es ist dann P ein Punkt der Ellipse. Zieht man nämlich die Gerade PF, dann ist $PF = PQ$, und daher $PF_1 + PF = PF_1 + PQ = 2a$.

§ 23. Die Gleichung der Ellipse.

1. Die Mittelpunktsgleichung der Ellipse (Fig. 27). Die beiden festen Punkte seien F und F_1, die Strecke $FF_1 = 2e$. Als Abszissenachse nimmt man die Gerade FF_1 und aus Gründen, die nach dem in § 22 Gesagten klar sind, die Mittelsenkrechte auf der Strecke FF_1 als Ordinatenachse. Ist nun P ein beliebiger Punkt der Ellipse, und bezeichnet man die konstante Summe der Entfernungen jedes Punktes der Kurve von F und F_1 mit $2a$, so muß die Gleichung bestehen $PF_1 + PF = 2a$ oder, wie man aus der Figur mit Hilfe des pythagoreischen Lehrsatzes leicht findet, $\sqrt{y^2 + (x + e^2)} + \sqrt{y^2 + (x - e)^2} = 2a$. Hätte man P so gewählt, daß der Fußpunkt Q der von P auf die Abszissenachse gefällten Senkrechten zwischen O und F gefallen wäre, so hätte man für PF den Wert $\sqrt{y^2 + (e - x)^2}$ gefunden. Dieser Wert unterscheidet sich aber von dem oben angegebenen nicht, da $(e - x)^2 = (x - e)^2$ ist.

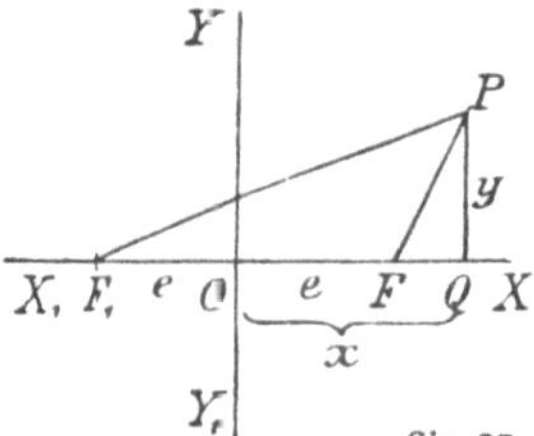

Fig. 27.

Die gefundene Gleichung läßt sich noch auf eine andere Form bringen. Isoliert man die erste Wurzel und erhebt dann die Gleichung in das Quadrat, so erhält man

$y^2 + x^2 + 2xe + e^2 = 4a^2 - 4a\sqrt{y^2 + x^2 - 2xe + e^2} + y^2 + x^2 - 2xe + e^2$

oder $a\sqrt{y^2 + x^2 - 2xe + e^2} = a^2 - xe$. Hieraus folgt durch nochmaliges Quadrieren $x^2(a^2 - e^2) + a^2 y^2 = a^2(a^2 - e^2)$. Setzt man jetzt $a^2 - e^2 = b^2$, so findet man als

Mittelpunktsgleichung der Ellipse

$$b^2 x^2 + a^2 y^2 = a^2 b^2 \text{ oder } \frac{x^2}{a^2} + \frac{y^2}{b^2} = 1.$$

2. Untersuchung der Gestalt der Ellipse mit Hilfe der gefundenen Gleichung.

Aus der Gleichung der Ellipse folgt $y = \pm \frac{b}{a} \sqrt{a^2 - x^2}$. Jedem Werte von x entsprechen zwei dem absoluten Werte nach gleiche, aber durch das Vorzeichen voneinander unterschiedene Werte von y, die Ellipse liegt also symmetrisch zur Abszissenachse. Da x nur im Quadrat vorkommt, so ist auch die Ordinatenachse Symmetrieachse für die Ellipse. Es ist also nur nötig, den Verlauf der Kurve im ersten Quadranten zu untersuchen. Für $x = 0$ besitzt y den größten Wert, nämlich b, die Kurve schneidet also die Ordinatenachse in dem Punkt, dessen Ordinate gleich b ist. Wird x größer, so nehmen die Werte von y ab, und für $x = a$ wird $y = 0$. Die Kurve schneidet die Abszissenachse in dem Punkt, dessen Abszisse gleich a ist. Für Werte von x, die größer als a sind, wird y imaginär. Die Ellipse ist also eine geschlossene Kurve (Fig. 28). Die Namen für die einzelnen Stücke der Ellipse sind schon in dem vorhergehenden Paragraphen gegeben.

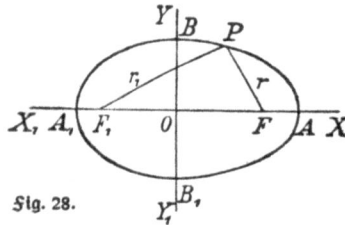

Fig. 28.

3. Allgemeinere Gleichung der Ellipse. Liegt die Ellipse im Koordinatensystem so, daß ihr Mittelpunkt nicht der Anfangspunkt des Systems, sondern der Punkt $M(p, q)$ ist, und sind die Achsen der Ellipse den Koordinatenachsen parallel, so kann man aus der gefundenen Mittelpunktsgleichung durch Parallelverschiebung des Koordinatensystems sofort die Gleichung der Ellipse für diese Lage herleiten. Man hat nur das System so zu verschieben, daß sein Anfangspunkt in den Punkt $M(p, q)$ fällt. In dieser Weise findet man als

allgemeinere Gleichung der Ellipse:

$$\frac{(x-p)^2}{a^2} + \frac{(y-q)^2}{b^2} = 1.$$

4. Der Kreis, ein Sonderfall der Ellipse. Fallen die beiden Brennpunkte der Ellipse zusammen, so wird $e = 0$. Aus der Gleichung $a^2 - e^2 = b^2$ findet man, daß $b = a$ wird. Die Gleichung der Ellipse nimmt dann die Form an $x^2 + y^2 = a^2$, d. h. die Ellipse wird zum Kreise.

5. Beispiele. Aufgabe 1. Die beiden Achsen und die lineare Exzentrizität der Ellipse $9x^2 + 25y^2 = 225$ zu bestimmen.

Es ist $2a = 10$, $2b = 6$ und $e = 4$.

Aufgabe 2. Die große Achse einer Ellipse ist $2a = 26$, die lineare Exzentrizität $e = 12$. Wie heißt die Gleichung der Ellipse?

§ 23. **Gleichung der Ellipse**

Aus der Gleichung $b^2 = a^2 - e^2$ findet man $b = 5$ und dann die Gleichung $25x^2 + 169y^2 = 4225$.

Aufgabe 3. Die beiden Vektoren eines Ellipsenpunktes sind $r = 14$ und $r_1 = 48$ und stehen aufeinander senkrecht. Wie heißt die Gleichung der Ellipse?

Man findet a aus der Gleichung $r_1 + r = 2a$, dann e aus der Gleichung $4e^2 = r^2 + r_1^2$ und kann nun b bestimmen. Die Gleichung lautet $\frac{x^2}{961} + \frac{y^2}{336} = 1$.

Aufgabe 4. Der Punkt M $(5, -2)$ ist Mittelpunkt einer Ellipse, deren Achsen den Koordinatenachsen parallel sind. Die Längen der Achsen sind $2a = 14$ und $2b = 10$. Wie heißt die Gleichung der Ellipse? — Die Gleichung lautet $\frac{(x-5)^2}{49} + \frac{(y+2)^2}{25} = 1$.

6. Form der Gleichung, die eine Ellipse darstellt.

Lehrsatz. Jede Gleichung zweiten Grades mit zwei Veränderlichen, in welcher das Glied mit xy fehlt, und in der die Koeffizienten der Quadrate der beiden Veränderlichen verschiedene Werte mit demselben Vorzeichen besitzen, stellt eine Ellipse dar, deren Achsen den Koordinatenachsen parallel sind oder mit ihnen zusammenfallen.

Die Gleichung, welche eine Ellipse darstellt, hat also die Form $ax^2 + by^2 + cx + dy + e = 0$. Der Nachweis kann in ähnlicher Weise geführt werden wie in § 13, 4. Hier soll nur eine in bestimmten Zahlen gegebene Gleichung behandelt werden.

Aufgabe 1. Welche Kurve wird durch die Gleichung $16x^2 - 64x + 25y^2 + 50y = 311$ dargestellt?

Aus der gegebenen Gleichung findet man $16(x^2 - 4x) + 25 \cdot (y^2 + 2y) = 311$. Nun hat man in den beiden Klammern die quadratische Ergänzung 4 bzw. 1 hinzuzufügen. Hierbei ist aber zu beachten, daß eine Hinzufügung von 4 in der ersten Klammer eine Vermehrung der linken Seite um $16 \cdot 4 = 64$ bedeutet, da ja die in der ersten Klammer stehende Summe mit 16 zu multiplizieren ist. Ebenso bedeutet eine Addition von 1 in der zweiten Klammer eine Vermehrung der linken Seite um 25. Man hat also, damit die Gleichung richtig bleibt, auf der rechten Seite $64 + 25 = 89$ zu addieren. Dadurch erhält man $16(x-2)^2 + 25(y+1)^2 = 400$. Die Gleichung stellt also eine Ellipse dar, deren Mittelpunkt $M\,(2,\,-1)$ ist, und deren Achsen $2a = 10$ und $2b = 8$ sind.

Aufgabe 2. Die Koordinaten des Mittelpunktes und die Achsen der Ellipse zu bestimmen, deren Gleichung $9x^2 + 25y^2 - 72x - 100y + 19 = 0$ ist. Der Mittelpunkt ist $M\,(4, 2)$, die Achsen $2a = 10$, $2b = 6$.

7. Der Ellipsenzirkel. Es gibt einen Apparat, mit dem man eine Ellipse zeichnen kann, wie den Kreis mit dem Zirkel. Dieser Apparat

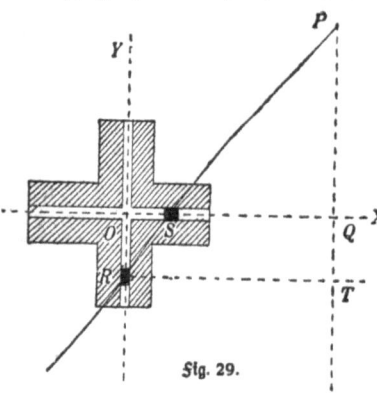

Fig. 29.

heißt Ellipsenzirkel. Seine Einrichtung ist folgende. Aus zwei kurzen Stäben (Fig. 29) ist ein rechtwinkliges Kreuz gebildet. Die Stäbe sind in der Längsrichtung mit einer Metallschiene versehen. An der Stelle O, wo beide Schienen sich kreuzen, sind sie unterbrochen. In den Schienen befinden sich zwei Metallkörper (in der Figur R und S), die leicht in den Schienen gleiten und an ihrem oberen Ende bewegliche Hülsen tragen. Durch diese Hülsen wird ein mit Löchern versehener Stab hindurchgesteckt und dann in den Hülsen festgeschraubt. Befestigt man nun in einem der Löcher (P) einen Zeichenstift, so beschreibt dieser bei Drehung des Stabes, die möglich ist durch das Gleiten der Metallkörper R und S in den Schienen, eine Ellipse.

Der Beweis dafür, daß wirklich eine Ellipse entsteht, läßt sich in folgender Weise geben. Man betrachtet O als Anfangspunkt eines Koordinatensystems und die durch die Schienen gegebenen Richtungen als die Richtungen der Achsen dieses Systems. Fällt man nun von P auf OS das Lot PQ, dann ist für den Punkt P das Lot $PQ = y$ und $OQ = x$. Hierauf fällt man von R das Lot RT auf PQ, setzt $PR = a$, $PS = b$ und bezeichnet den Winkel $PSQ = PRT$ mit α. Es ist ferner $RT = OQ = x$, d. h. gleich der Abszisse des Punktes P. Nun bestehen die Gleichungen $\dfrac{x}{a} = \cos\alpha$ und $\dfrac{y}{b} = \sin\alpha$. Erhebt man diese Gleichungen in das Quadrat und addiert dann die erhaltenen Gleichungen, so findet man, da $\cos^2\alpha + \sin^2\alpha = 1$ ist, $\frac{x^2}{a^2} + \frac{y^2}{b^2} = 1$. Der Punkt P ist also ein Punkt einer Ellipse, deren Mittelpunkt O, und deren Halbachsen $PR = a$ und $PS = b$ sind.

§ 24. Hauptkreis und Inhalt der Ellipse.

1. Erklärung. Hauptkreis einer Ellipse heißt der Kreis, welcher mit der halben großen Achse um den Mittelpunkt der Ellipse beschrieben ist.

Entsprechende Punkte einer Ellipse und ihres Hauptkreises sind solche Punkte beider Kurven, die zu derselben Abszisse gehören.

2. Das Verhältnis der Ordinaten entsprechender Punkte von Ellipse und Hauptkreis (Fig. 30). Man errichte in einem beliebigen Punkte R auf der großen Achse der Ellipse die Senkrechte, welche die Ellipse in P, den Hauptkreis in Q schneiden möge. Es ist dann $RP = y$ die Ordinate des Ellipsenpunktes P und $RQ = \eta$ die Ordinate des entsprechenden Punktes des Hauptkreises. Die gemeinsame Abszisse beider

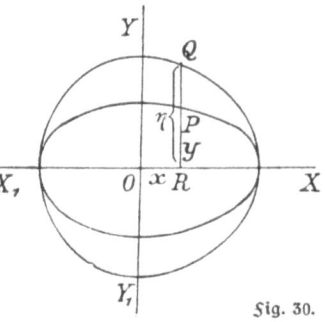

Fig. 30.

Punkte ist $OR = x$. Es besteht nun für den Ellipsenpunkt die Gleichung $b^2x^2 + a^2y^2 = a^2b^2$ und für den Kreispunkt die Gleichung $x^2 + \eta^2 = a^2$. Berechnet man aus der Ellipsengleichung y und aus der Kreisgleichung η und dividiert dann die erhaltenen Gleichungen, so findet man $y : \eta = b : a$. Die gefundene Proportion gibt den

Lehrsatz. Die Ordinate eines Ellipsenpunktes verhält sich zur Ordinate des entsprechenden Punktes ihres Hauptkreises wie die kleine Achse der Ellipse zur großen.

3. Neue Punktkonstruktion der Ellipse. Kennt man von einer Ellipse die beiden Achsen $2a$ und $2b$, so kann man auf Grund des in 2. gefundenen Lehrsatzes Punkte der Ellipse konstruieren.

Man beschreibt einen Kreis mit dem Radius a, also den Hauptkreis der zu konstruierenden Ellipse, und zieht in diesem Kreise einen beliebigen Durchmesser, der dann die große Achse der Ellipse darstellt. Nun errichtet man auf diesem Durchmesser eine beliebige Anzahl von

Senkrechten und teilt auf jeder dieser Senkrechten die zwischen dem Durchmesser und dem Hauptkreise liegende Strecke so, daß der dem Durchmesser zunächst liegende Abschnitt sich zur ganzen Strecke wie $b : a$ verhält. Sämtliche Teilpunkte sind dann Punkte der Ellipse.

4. Der Inhalt der Ellipse (Fig. 31). Man beschreibe um die Ellipse den Hauptkreis. Hierauf errichte man auf der großen Achse in zwei beliebigen Punkten R und R_1 die Senkrechten im ersten Quadranten, welche die Ellipse in P und P_1, den Hauptkreis in Q und Q_1

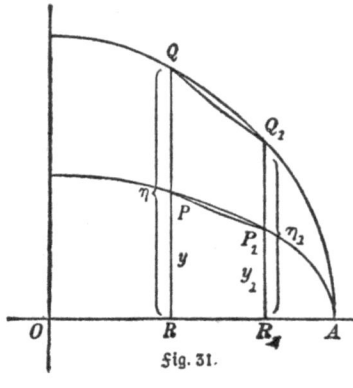

Fig. 31.

schneiden mögen. Sind y und y_1 bzw. η und η_1 die Ordinaten dieser Punkte, so besteht nach 2, Lehrsatz die Gleichung $\dfrac{y}{\eta} = \dfrac{y_1}{\eta_1} = \dfrac{b}{a}$. Aus dieser Gleichung folgt nach dem Satze: Sind mehrere Brüche einander gleich, so ist die Summe irgendwelcher Zähler, dividiert durch die Summe der dazugehörenden Nenner gleich jedem der Brüche, $\dfrac{y + y_1}{\eta + \eta_1} = \dfrac{b}{a}$. Verbindet man nun P mit P_1 und Q mit Q_1, so entstehen zwei Trapeze $R R_1 P_1 P = f$ und $R R_1 Q_1 Q = \varphi$, welche die gemeinsame Höhe $R R_1$ besitzen. Berechnet man die Inhalte dieser Trapeze durch das halbe Produkt aus der Höhe und der Summe der beiden Grundlinien und dividiert die erhaltenen Gleichungen, so findet man $\dfrac{f}{\varphi} = \dfrac{y + y_1}{\eta + \eta_1}$. Die rechte Seite dieser Gleichung ist aber, wie eben gefunden, gleich dem Verhältnis $b : a$, also muß $\dfrac{f}{\varphi} = \dfrac{b}{a}$ sein. Errichtet man auf OA noch mehr Senkrechte und konstruiert in derselben Weise wie vorher wieder Trapeze, so muß stets das Verhältnis entsprechender Trapeze gleich $b : a$ sein. Es muß daher nach dem oben genannten Satz aus der Proportionslehre auch die Summe aller Trapeze in der Ellipse sich zur Summe aller Trapeze im Hauptkreise wie $b : a$ verhalten. Vergrößert man die Anzahl der Trapeze durch Errichten neuer Senkrechten, so nähert sich dadurch die eine Summe dem Inhalt des Ellipsenquadranten, die andere dem Inhalt des Quadranten des Hauptkreises immer mehr. Man erkennt daher, wenn man sich die Anzahl der Trapeze beliebig groß denkt, daß der Ellipsenquadrant zum Quadranten des Hauptkreises und daher auch der Inhalt der Ellipse zum Inhalt des Hauptkreises sich wie $b : a$ verhalten muß. Bezeichnet man den Inhalt der Ellipse durch F und setzt für den Inhalt des Hauptkreises πa^2, so besteht die Gleichung $F : \pi a^2 = b : a$. Hieraus findet man die **Formel für den Inhalt der Ellipse**

$$F = \pi a b.$$

§ 25. Tangente und Normale der Ellipse.

1. Gleichung der Tangente. In derselben Weise, wie die Gleichung der Kreistangente (§ 14) und die Gleichung der Parabeltangente (§ 18) gefunden wurden, findet man auch die Gleichung der Tangente der Ellipse, die diese im Punkte $P_1 (x_1, y_1)$ berührt. Man denke nur am Schluß der Ableitung daran, daß wegen der Gleichung der Ellipse die Summe $b^2 x_1^2 + a^2 y_1^2$ durch $a^2 b^2$ ersetzt werden kann. Ist die Ellipse durch ihre Mittelpunktsgleichung gegeben, so findet man als **Gleichung der Tangente** im Punkte $P_1 (x_1, y_1)$

$$\frac{x x_1}{a^2} + \frac{y y_1}{b^2} = 1$$

oder $b^2 x x_1 + a^2 y y_1 = a^2 b^2$. Die Gleichung der Tangente, welche die Ellipse berührt, die durch die allgemeinere Gleichung (§ 23, 3) gegeben ist, lautet $\dfrac{(x - p)(x_1 - p)}{a^2} + \dfrac{(y - q)(y_1 - q)}{b^2} = 1.$

Aufgabe 1. Es sollen die Gleichungen der beiden Tangenten bestimmt werden, die die Ellipse $4x^2 + 9y^2 = 676$ in den Punkten berühren, deren Abszisse $x_1 = 5$ ist.

Die Ordinate des Berührungspunktes ist $y_1 = \pm 8$, die Gleichungen $5x \pm 18y = 169$.

Aufgabe 2. An die Ellipse $x^2 + 9y^2 = 225$ sind die beiden Tangenten gelegt, die auf der Geraden $5y - 20x + 17 = 0$ senkrecht stehen. Welches sind die Koordinaten der Berührungspunkte?

Sind x_1 und y_1 die gesuchten Koordinaten, so heißt die Gleichung der Tangente $x x_1 + 9 y y_1 = 225$, und ihre Richtungskonstante ist $l = -\dfrac{x_1}{9 y_1}$. Die Richtungskonstante der Geraden ist $l_1 = 4$. Da beide Linien aufeinander senkrecht stehen sollen, so findet man nach § 12, 5 die Gleichung $4 x_1 = 9 y_1$. Nach der Ellipsengleichung ist $x_1^2 + 9 y_1^2 = 225$.

58 VI. Die Ellipse

Aus beiden Gleichungen findet man als Berührungspunkte P_1 (9, 4) und P_2 (—9, —4).

Aufgabe 3. Um den Mittelpunkt der Ellipse $x^2 + 16y^2 = 64$ ist der Kreis beschrieben, der mit der Ellipse gleichen Inhalt hat. Wie heißt die Gleichung dieses Kreises, wo und unter welchem Winkel schneidet er die Ellipse im ersten Quadranten?

Für die Ellipse ist $a = 8$, $b = 2$, der Radius des Kreises sei r, dann besteht die Gleichung $\pi r^2 = \pi ab$, also $r = 4$. Die Gleichung des Kreises ist $x^2 + y^2 = 16$. Aus den Gleichungen beider Kurven findet man als Koordinaten des Schnittpunktes $x_1 = 1{,}6\sqrt{5}$ und $y_1 = 0{,}8\sqrt{5}$. Nun wird für diesen Punkt die Gleichung der Ellipsentangente und die Gleichung der Kreistangente aufgestellt und für die Tangenten der Winkel, unter dem sie sich schneiden, berechnet (§ 12, 3). Dies ist nach § 15, 3 der gesuchte Winkel. Man findet $\delta = 56^0\ 18{,}6'$.

Aufgabe 4. Wo und unter welchem Winkel schneiden sich die Ellipse $x^2 + 4y^2 = 100$ und die Parabel $3y^2 - 8x = 0$ im ersten Quadranten?

Im Punkte P (6, 4) unter dem Winkel $\delta = 38^0\ 59{,}5'$.

2. Konstruktion der Tangente. Die Gleichung einer Ellipse ist $b^2x^2 + a^2y^2 = a^2b^2$ und die Gleichung ihres Hauptkreises $x^2 + y^2 = a^2$. Die Gleichung der Tangente an die Ellipse im Punkte P_1 (x_1, y_1) lautet dann $b^2 x\, x_1 + a^2 y\, y_1 = a^2 b^2$, und die Gleichung der Tangente an den Hauptkreis in dem entsprechenden Punkt Q_1 (x_1, η) lautet $x\, x_1 + y\, \eta = a^2$. Setzt man, um den Schnittpunkt einer jeden dieser beiden Tangenten mit der Abszissenachse zu bestimmen, in beiden Gleichungen $y = 0$, so findet man als Abszisse des Schnittpunktes für beide Tangenten denselben Wert, nämlich $\dfrac{a^2}{x_1}$. Dadurch erhält man den

Lehrsatz. Die beiden Tangenten, welche eine Ellipse und den Hauptkreis der Ellipse in entsprechenden Punkten berühren, schneiden die Abszissenachse in demselben Punkt.

Mit Hilfe dieses Lehrsatzes löst man die

Aufgabe. An eine gegebene Ellipse in einem gegebenen Punkt die Tangente zu legen.

Lösung (Fig. 32). P sei der auf der Ellipse gegebene Punkt. Man zeichnet den Hauptkreis der Ellipse und fällt von P die Senkrechte auf die große Achse der Ellipse, die den Hauptkreis im Punkte Q schneidet.

§ 25. Tangente und Normale der Ellipse

Darauf legt man in Q an den Hauptkreis die Tangente, welche die Abszissenachse in T schneiden möge. Nun zieht man die Gerade PT, dann ist diese die verlangte Tangente.

3. Die Normale der Ellipse. Die Gleichung der Normale der Ellipse im Punkte P_1 kann man nach dem in § 18, 2 angegebenen Wege leicht bestimmen. Man findet $y - y_1 = \frac{a^2 y_1}{b^2 x_1}(x - x_1)$. Diese Gleichung braucht man sich nicht einzuprägen. Sie soll hier nur dazu dienen, den Punkt zu ermitteln, in welchem die Normale die große Achse der Ellipse (die Abszissenachse) schneidet. Da für den Schnittpunkt $y = 0$ ist, so hat man nur diesen Wert für y in die Gleichung einzusetzen, um die Abszisse des Schnittpunktes zu finden. Eine leichte Rechnung ergibt, wenn man am Schluß $a^2 - b^2 = e^2$ setzt (§ 22, 3), daß $x = \frac{e^2}{a^2} x_1$ ist.

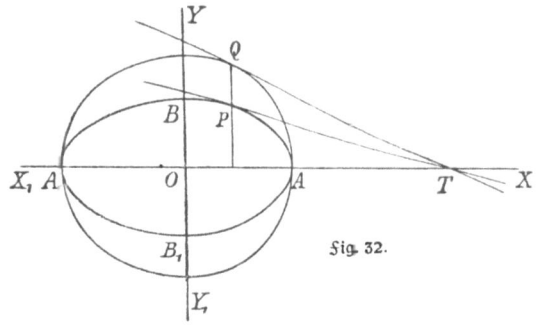

Fig. 32.

Für das Verhältnis $e : a$ hat man einen besonderen Namen und eine besondere Bezeichnung eingeführt. Es ist dies gesagt in der folgenden

Erklärung. Das Verhältnis der linearen Exzentrizität zur halben großen Achse heißt die **numerische Exzentrizität** der Ellipse.

Man bezeichnet die numerische Exzentrizität durch ε, so daß die Gleichung besteht $\frac{e}{a} = \varepsilon$. Da e kleiner als a ist, so ist der Wert von ε stets kleiner als Eins.

Mit Benutzung der eben genannten Bezeichnung erhält man für die Abszisse des Schnittpunktes der Normale mit der Abszissenachse den Ausdruck $x = \varepsilon^2 x_1$.

Da ε^2 stets positiv ist, so hat x immer dasselbe Vorzeichen wie x_1. Die Normale schneidet also die große Achse stets auf der Seite, auf welcher ihr Durchschnittspunkt mit der Ellipse liegt. Der größte Wert, den x_1 annehmen kann, ist a. Für diesen Wert wird $x = \varepsilon^2 \cdot a = \varepsilon \cdot e$, d.h. kleiner als e, da ε stets ein echter Bruch sein muß. Man erkennt hieraus:

Die Normale einer Ellipse schneidet die große Achse in einem Punkte, der zwischen den Brennpunkten liegt.

Die Abschnitte, in welche der Schnittpunkt N der Normale den Abstand der Brennpunkte teilt, sind $e + \varepsilon^2 x_1$ und $e - \varepsilon^2 x_1$.

§ 26. Die Radienvektoren und ihre Lage zur Tangente und Normale.

1. Die Länge der Radienvektoren (Fig. 33). Fällt man in dem Dreieck F_1FP_1, das durch die beiden Vektoren und die doppelte lineare Exzentrizität gebildet wird, die Senkrechte von P_1 auf die Gegenseite, so entstehen zwei rechtwinklige Dreiecke. Aus diesen Dreiecken findet man nach dem pythagoreischen Lehrsatz

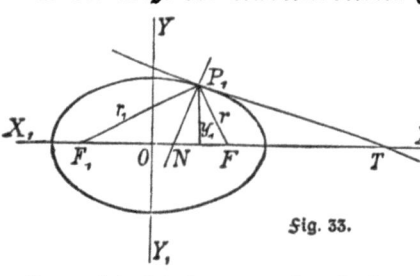

Fig. 33.

$r_1^2 = y_1^2 + e^2 + 2ex_1 + x_1^2$ und $r^2 = y_1^2 + e^2 - 2ex_1 + x_1^2$. Durch Subtraktion folgt hieraus $r_1^2 - r^2 = 4ex_1$ oder $(r_1 + r)(r_1 - r) = 4ex_1$. Bedenkt man nun, daß die Summe der beiden Radienvektoren gleich $2a$ sein muß, so findet man aus der letzten Gleichung, wenn man $e:a = \varepsilon$ setzt, $r_1 - r = 2\varepsilon x_1$. Nimmt man hierzu die Gleichung $r_1 + r = 2a$, so erhält man aus diesen beiden Gleichungen für die Radienvektoren die Gleichungen $r_1 = a + \varepsilon x_1$ und $r = a - \varepsilon x_1$.

Aufgabe. Der Scheitel einer Parabel liegt im Mittelpunkt der Ellipse $16x^2 + 25y^2 = 400$, und ihr Brennpunkt fällt mit dem auf der positiven Seite der großen Achse liegenden Brennpunkt der Ellipse zusammen. Wie lang sind die Vektoren der Ellipse nach den Punkten, in welchen die Parabel die Ellipse schneidet? — Lösung: $r_1 = 5{,}75$, $r = 4{,}25$.

2. Lage der Vektoren zu Tangente und Normale (Fig. 33). Mit Benutzung der soeben für r_1 und r gefundenen Werte findet man für die beiden von P_1 ausgehenden Seiten in dem Dreieck F_1FP_1 die Gleichung $\dfrac{P_1F_1}{P_1F} = \dfrac{a + \varepsilon x_1}{a - \varepsilon x_1}$. Aus dieser Gleichung ergibt sich, wenn man den Bruch auf der rechten Seite mit ε erweitert, $\dfrac{P_1F_1}{P_1F} = \dfrac{e + \varepsilon^2 x_1}{e - \varepsilon^2 x_1}$.

Die jetzt auf der rechten Seite im Zähler und Nenner stehenden Ausdrücke sind nun aber nach § 25, 3 die Größen der Abschnitte, in welche F_1F durch die Normale im Punkte P_1 geteilt wird. Es besteht daher die Proportion $P_1F_1 : P_1F = NF_1 : NF$. Nun ist aus der Planimetrie der Satz bekannt: Teilt eine Ecktransversale eines Dreiecks die gegenüberliegende Dreiecksseite innerlich so, daß die Abschnitte sich wie die anliegenden Dreiecksseiten verhalten, so halbiert sie den Dreieckswinkel an ihrer Ecke. Es folgt daher aus obiger Proportion, daß P_1N den Winkel F_1P_1F halbieren muß. Dies ergibt den

Lehrsatz. Die Normale einer Ellipse halbiert den Winkel, den die Radienvektoren nach ihrem Schnittpunkt mit der Ellipse miteinander bilden, und die Tangente halbiert den Nebenwinkel dieses Winkels.

Über die Richtigkeit des über die Tangente in diesem Lehrsatz Gesagten vergleiche man § 21, 2.

Bemerkung 1. Der soeben gefundene Satz gilt auch für den Kreis. Die beiden Radienvektoren nach P_1 fallen in den Radius OP_1 zusammen. Der Winkel, den die Vektoren miteinander bilden, wird daher $0°$ und sein Nebenwinkel ein gestreckter. Es muß daher die den Nebenwinkel halbierende Tangente auf dem Radius senkrecht stehen.

Bemerkung 2. Gehen von dem einen Brennpunkt einer Ellipse Strahlen aus (Licht, Wärme, Schall), die die Ellipse treffen, so werden sie von der Ellipse so reflektiert, daß sie sich in dem anderen Brennpunkt wieder vereinigen.

Bemerkung 3. Mit Hilfe des gefundenen Lehrsatzes kann man auch eine einfache Konstruktion der Tangente an die Ellipse in einem gegebenen Punkt ausführen.

§ 27. Durchmesser der Ellipse.

1. Erklärung des Durchmessers. Sucht man die Punkte zu bestimmen, in denen die Ellipse $b^2x^2 + a^2y^2 = a^2b^2$, deren Mittelpunkt im Anfangspunkt des Koordinatensystems liegt, geschnitten wird durch eine Gerade durch diesen Anfangspunkt, deren Gleichung nach § 10, 3 lautet $y = lx$, so findet man sowohl für die Abszissen wie die Ordinaten dieser Punkte eine rein quadratische Gleichung. In jeder rein quadratischen Gleichung ist nun aber, da sie ein Glied mit der ersten Potenz der Unbekannten nicht enthält, die Summe der Wurzeln stets gleich Null (vgl. § 20, 2). Es muß daher sowohl die Summe der Abszissen der Schnittpunkte wie die Summe ihrer Ordinaten den Wert Null besitzen. Die halbe Summe der Koordinaten der Endpunkte einer Strecke bestimmt nun aber die Koordinaten ihres Mittelpunktes (§ 3, 1). Der Mittelpunkt der durch die Gerade gebildeten Ellipsensehne liegt daher im Anfangspunkt des Systems, d. h. die Sehne wird durch den Mittelpunkt der Ellipse halbiert. Man findet den

Lehrsatz. Jede durch den Mittelpunkt einer Ellipse gehende Sehne wird durch den Mittelpunkt der Ellipse halbiert.

Erklärung. Durchmesser der Ellipse heißt jede Sehne, die durch den Mittelpunkt der Ellipse hindurchgeht.

2. Lage der Mittelpunkte paralleler Sehnen. Wenn man die Koordinaten der Punkte ermitteln will, in denen die Gerade $y = lx + m$ die durch ihre Mittelpunktsgleichung gegebene Ellipse schneidet, und den Wert für y aus der Gleichung der Geraden in die Ellipsengleichung einsetzt, so findet man zur Bestimmung der Abszissen der Schnittpunkte eine quadratische Gleichung. Der halbe Koeffizient von x in dieser Gleichung mit entgegengesetztem Vorzeichen ist die Abszisse des Mittelpunktes der Sehne, die durch die Gerade gebildet wird (vgl. § 20, 2). Man erhält für diese Abszisse den Wert $x = -\dfrac{lma^2}{b^2 + a^2 l^2}$. Durch Einsetzen dieses Wertes in die Gleichung der Geraden erhält man für die Ordinate des Mittelpunktes der Sehne $y = +\dfrac{b^2 m}{b^2 + a^2 l^2}$. Durch Division der beiden für x und y erhaltenen Gleichungen findet man $\dfrac{y}{x} = -\dfrac{b^2}{a^2 l}$ oder $y = -\dfrac{b^2}{a^2 l} x$. Die gefundene Gleichung enthält die Größe m nicht mehr, sie gilt daher für alle Geraden, für die l denselben Wert besitzt, d. h. für parallele Gerade. Nach 1. stellt nun aber die Gleichung einen Durchmesser der Ellipse dar, und man findet so den

Lehrsatz. Die Mittelpunkte aller einander parallelen Sehnen einer Ellipse liegen auf einem Durchmesser.

Bemerkung. Ist die Richtungskonstante der Sehnen bekannt, so hat man den für eine bestimmte Sehne unveränderlichen Ausdruck $-\dfrac{b^2}{a^2}$ nur durch diese Richtungskonstante zu dividieren, um die Richtungskonstante des die Sehne halbierenden Durchmessers und damit auch die Gleichung des Durchmessers zu finden.

§ 27. Durchmesser der Ellipse

3. Aufgabe. Von einer gegebenen Ellipse den Mittelpunkt und die Achsen zu konstruieren.

Lösung (Fig. 34). Man ziehe zwei einander parallele Sehnen, halbiere sie und ziehe durch ihre Mittelpunkte die Gerade, welche die Ellipse in D und D_1 schneiden möge. Der Mittelpunkt O von DD_1 ist der Mittelpunkt der Ellipse. Nun beschreibe man um O einen Kreis, der die Ellipse in C und C_1 schneidet, ziehe die Gerade CC_1 und fälle von O auf CC_1 die Senkrechte, welche die Ellipse in A und A_1 schneidet; dann ist AA_1 die große Achse der Ellipse. Die Senkrechte BB_1 auf AA_1 im Punkte O ist die kleine Achse.

4. Konjugierte Durchmesser. Zieht man zu dem Durchmesser, der die Sehnen mit der Richtungskonstante l halbiert, parallele Sehnen, so müssen die Mittelpunkte dieser Sehnen ebenfalls auf einem Durchmesser liegen. Nach 2, Bemerkung findet man die Richtungskonstante

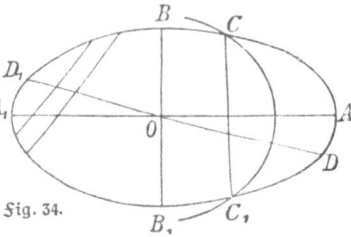

Fig. 34.

dieses zweiten Durchmessers durch die Gleichung $-\dfrac{b^2}{a^2} : -\dfrac{b^2}{a^2 l} = + l$.

Der zweite Durchmesser ist also den Sehnen parallel, die der erste halbiert. Dies ergibt den

Lehrsatz. Die Mittelpunkte aller Sehnen einer Ellipse, die einem Durchmesser parallel sind, liegen auf einem zweiten Durchmesser, der den Sehnen parallel ist, die der erste Durchmesser halbiert.

Erklärung. Zwei Durchmesser einer Ellipse, von denen der eine die Sehne halbiert, die dem anderen parallel sind, heißen **konjugierte Durchmesser.**[1]

Die Gleichungen zweier konjugierter Durchmesser sind $y = lx$ und $y = -\dfrac{b^2}{a^2 l} x$. Die beiden Achsen der Ellipse sind konjugierte Durchmesser. Man konstruiert zu einem gegebenen Durchmesser den ihm konjugierten Durchmesser, indem man zu dem gegebenen Durchmesser eine ihm parallele Sehne zieht, diese halbiert und dann durch den Halbierungspunkt den Durchmesser legt.

---

[1] coniugare = zusammenkoppeln.

64   VI. Die Ellipse

5. Konstantes Produkt der Richtungskonstanten konjugierter Durchmesser. Multipliziert man die Richtungskonstanten zweier konjugierten Durchmesser, so findet man, wie man aus den oben angegebenen Gleichungen leicht erkennt, $-\frac{b^2}{a^2}$. Das Produkt ist also ganz unabhängig von der Richtung der halbierten Sehnen und daher für jedes Paar konjugierter Durchmesser einer Ellipse dasselbe. Da a^2 und b^2 stets positive Werte darstellen, so muß dieses konstante Produkt immer einen negativen Wert besitzen. Geht also der eine Durchmesser durch den ersten und dritten Quadranten, d. h., ist der Winkel, den er mit der Abszissenachse bildet, spitz und daher der Tangens dieses Winkels positiv, so muß der Tangens des Winkels, den der andere Durchmesser mit der Abszissenachse bildet, negativ sein, d. h. der Winkel ist stumpf und der Durchmesser geht durch den zweiten und vierten Quadranten.

Aus der Unveränderlichkeit des Produkts folgt weiter, daß ein Wachsen der Richtungskonstante des einen Durchmessers ein Abnehmen der Richtungskonstante des anderen zur Folge haben muß. Nun wächst aber im ersten Quadranten der Tangens mit wachsendem Winkel, während im zweiten Quadranten ein Wachsen des Winkels ein Abnehmen des absoluten Wertes des Tangens zur Folge hat. Daher muß, wenn der eine Durchmesser durch den ersten Quadranten sich im positiven Sinne dreht, der ihm konjugierte Durchmesser im zweiten Quadranten eine Bewegung in demselben Sinne ausführen.

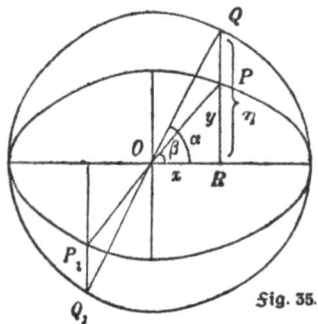

Fig. 35.

6. Ellipsen- und Hauptkreisdurchmesser nach entsprechenden Punkten (Fig. 35). Man konstruiere den Hauptkreis einer Ellipse und zu einem Ellipsenpunkt P den entsprechenden Punkt Q des Hauptkreises. Hierauf ziehe man von P und Q die Durchmesser und nenne den Winkel, den der Kreisdurchmesser mit der großen Achse der Ellipse bildet, α, den Winkel des Ellipsendurchmessers mit dieser Achse β. Man findet dann mit Hilfe der beiden Dreiecke ORQ und ORP die Gleichung $\frac{\operatorname{tng}\alpha}{\operatorname{tng}\beta} = \frac{\eta}{y} = \frac{a}{b}$ (vgl. §24, 2) oder, wenn man die Richtungskonstante des Ellipsendurchmessers $\operatorname{tng}\beta = l$ setzt, $\operatorname{tng}\alpha = \frac{a}{b}l$.

§ 27. Konjugierte Durchmesser der Ellipse 65

Der Kreisdurchmesser, der nach dem Punkte führt, welcher dem Endpunkt des zu dem ersten Ellipsendurchmesser konjugierten Durchmessers entspricht, bilde mit der Abszissenachse den Winkel α_1. Es besteht dann für den Tangens dieses Winkels die Gleichung tng α_1 = $\frac{a}{b} \cdot \left(-\frac{b^2}{a^2 l}\right) = -\frac{b}{a l}$. Durch Multiplikation der beiden erhaltenen Gleichungen findet man tng α · tng $\alpha_1 = -1$. Aus dieser letzten Gleichung erkennt man nach § 12, 5 den

Lehrsatz. **Die Durchmesser des Hauptkreises einer Ellipse, welche zwei konjugierten Durchmessern der Ellipse entsprechen, stehen aufeinander senkrecht.**

7. Die exzentrische Anomalie.

Erklärung. **Der Winkel, den ein Durchmesser nach einem Punkt des Hauptkreises der Ellipse mit der positiven Richtung der großen Achse der Ellipse bildet, heißt die exzentrische Anomalie des entsprechenden Ellipsenpunktes.**

Die Koordinaten eines jeden Ellipsenpunktes $P(x, y)$ lassen sich in einfacher Weise durch die exzentrische Anomalie α dieses Punktes und die Achsen der Ellipse ausdrücken. Aus dem Dreieck ORQ erkennt man sofort, daß $x = a \cos \alpha$ ist. Aus demselben Dreieck findet man für die Ordinate des entsprechenden Hauptkreispunktes $\eta = a \sin \alpha$. Nun ist aber $\eta = \frac{a}{b} y$ (§ 24, 2); setzt man diesen Wert für η in die Gleichung ein, so findet man $y = b \sin \alpha$.

Die beiden für x und y erhaltenen Gleichungen liefern für jeden Wert von α ein Koordinatenpaar, das die Ellipsengleichung erfüllt, sie sind also der einen Ellipsengleichung gleichwertig.

Der im zweiten Quadranten liegende Endpunkt des Ellipsendurchmessers, welcher dem Durchmesser PO konjugiert ist, sei $P_1(x_1, y_1)$. Da der Hauptkreisdurchmesser, der ihm entspricht, auf dem Durchmesser QO senkrecht steht, ist die exzentrische Anomalie des Punktes P_1 gleich $90° + \alpha$. Man findet daher für die Koordinaten von P_1 $x_1 = -a \sin \alpha$ und $y_1 = b \cos \alpha$.

8. Konstante Summe der Quadrate konjugierter Durchmesser.

Bezeichnet man den Durchmesser durch den ersten Quadranten durch $2a_1$ und den ihm konjugierten Durchmesser durch den zweiten Quadranten durch $2b_1$, so ist nach dem pythagoreischen Lehrsatz $a_1^2 = x^2 + y^2$ und $b_1^2 = x_1^2 + y_1^2$. Setzt man für die Koordinaten die in 7. gefundenen Werte ein, so erhält man $a_1^2 = a^2 \cos^2 \alpha + b^2 \sin^2 \alpha$ und $b_1^2 = a^2 \sin^2 \alpha + b^2 \cos^2 \alpha$. Hieraus folgt durch Addition, da $\sin^2 \alpha + \cos^2 \alpha = 1$ ist, $a_1^2 + b_1^2 = a^2 + b^2$. Durch diese Gleichung findet man, wenn man sie mit 4 multipliziert, den

Lehrsatz. Die Summe der Quadrate zweier konjugierten Durchmesser der Ellipse ist konstant, und zwar gleich der Summe der Quadrate der beiden Achsen.

9. Konstanter Inhalt des durch zwei konjugierte Durchmesser bestimmten Parallelogramms. Verbindet man die Endpunkte zweier konjugierten Durchmesser, so entsteht ein Parallelogramm nach dem Satze: Jedes Viereck, dessen Diagonalen sich halbieren, ist ein Parallelogramm. Der Inhalt dieses Parallelogramms ist das Vierfache des Inhalts eines der vier Dreiecke, welche durch die Diagonalen in dem Viereck gebildet werden. Nun ist nach § 4, 4 der Inhalt des Dreiecks OPP_1 (Fig. 36) gleich $\frac{1}{2}(xy_1 - x_1 y)$, und daher, wenn man die Koordinaten nach 7. durch die Halbachsen und die exzentrische Anomalie ausdrückt, $\triangle OPP_1 = \frac{1}{2}(ab \cos^2 \alpha + ab \sin^2 \alpha) = \frac{1}{2} ab$.

Der Inhalt des Parallelogramms ist daher gleich $2ab$. Hieraus ergibt sich der

Lehrsatz. Der Inhalt des durch die Endpunkte zweier konjugierten Durchmesser einer Ellipse bestimmten Parallelogramms ist konstant.

10. Winkel zweier konjugierten Durchmesser. Der Inhalt des Dreiecks OPP_1 (Fig. 36) kann auf doppelte Weise ausgedrückt werden. In 9. war für denselben $\frac{1}{2} ab$ gefunden. Nach bekannter trigonometrischer Formel hat man, wenn man den Winkel POP_1, den die konjugierten Durchmesser $2a_1$ und $2b_1$ miteinander bilden, durch δ bezeichnet, den zweiten Ausdruck $\frac{1}{2} a_1 b_1 \sin \delta$.

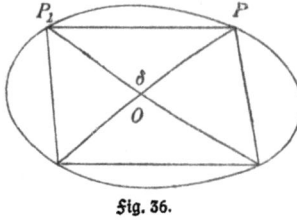

Fig. 36.

Setzt man die beiden Ausdrücke für den Inhalt einander gleich, so erhält man eine Gleichung, aus der $\sin \delta$ berechnet werden kann.

Man findet $\sin \delta = \dfrac{ab}{a_1 b_1}$.

Siebenter Abschnitt.
Die Hyperbel.
§ 28. Erklärung und Gestalt der Hyperbel.

1. Erklärung. Eine **Hyperbel** ist der geometrische Ort aller Punkte, für welche die Differenz der Entfernungen von zwei festen Punkten einen unveränderlichen Wert besitzt.[1]

Die beiden festen Punkte, welche man durch F und F_1 bezeichnet, nennt man **die Brennpunkte** der Hyperbel. Den Abstand der festen Punkte voneinander bezeichnet man durch $2e$ und nennt e **die lineare Exzentrizität**. Die Linien, welche einen beliebigen Punkt P der Hyperbel mit den beiden Brennpunkten verbinden, heißen **Radienvektoren oder Brennstrahlen**. Man setzt $PF = r$ und $PF_1 = r_1$. Die konstante Differenz der Entfernungen der Punkte der Hyperbel von den festen Punkten F und F_1 wird durch $2a$ bezeichnet, so daß für einen Punkt P der Hyperbel die Gleichung besteht $r - r_1 = 2a$ oder $r_1 - r = 2a$. Stets muß bei der Hyperbel $2a$ kleiner als $2e$, also auch $a < e$ sein, da in jedem Dreieck die Differenz zweier Seiten kleiner ist als die dritte Seite.

2. Konstruktion der Hyperbel (Fig. 37). Bei der Konstruktion der Hyperbel, die wieder nur punktweis ausgeführt werden kann, sind zwei Fälle zu unterscheiden. Einmal ist der Fall zu behandeln, wo die Entfernung des Hyperbelpunktes P von F die größere ist, also die Gleichung besteht $PF - PF_1 = 2a$, dann der Fall, wo P von F_1 weiter entfernt ist als von F, und daher $PF_1 - PF = 2a$ ist.

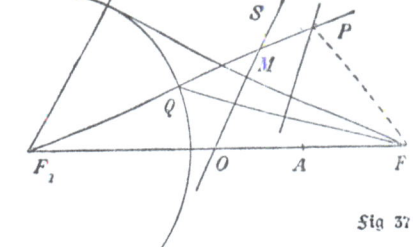

Fig. 37

Es soll zunächst der Fall, daß $PF_1 - PF = 2a$ ist, betrachtet werden. Der Punkt der Kurve, der F_1 am nächsten ist, muß dann auf F_1F liegen, und zwar zwischen dem Mittelpunkt O dieser Strecke und F. Bezeichnet man den Punkt durch A, so ist $F_1A = e + OA$ und $FA = e - OA$. Aus diesen beiden Gleichungen findet man durch

---

[1] Ebenes Problem! Im Raume wäre es das entsprechende (zweischalige) Rotationshyperboloid.

VII. Die Hyperbel

Subtraktion $F_1A - FA = 2OA$. Es ist also, da die linke Seite dieser Gleichung gleich $2a$ ist, $OA = a$. Der Punkt der Hyperbel, welcher auf F_1F liegt, ist um die Strecke a vom Mittelpunkt O der Strecke F_1F entfernt.

Um weitere Punkte der Kurve zu finden, beschreibt man mit $2a$ um F_1 den Kreis und legt von F an diesen Kreis die Tangente FT. Nun nimmt man auf dem Kreisbogen zwischen T und F_1F einen beliebigen Punkt Q an, den man mit F verbindet. Zieht man darauf die Gerade F_1Q und errichtet auf FQ die Mittelsenkrechte, so ist der Schnittpunkt P dieser beiden Linien ein Punkt der Hyperbel. Es ist nämlich $PF_1 - PF = PF_1 - PQ = 2a$. Läßt man den Punkt Q sich auf dem Kreise nach dem Berührungspunkt T der im Anfang gezogenen Tangente bewegen und denkt sich zu jeder Lage von Q den zugehörigen Hyperbelpunkt P gezeichnet, so erkennt man, daß P sich immer weiter von F_1 und F_1F entfernt. Fällt schließlich Q mit T zusammen, so gibt es keinen Hyperbelpunkt mehr, denn die Mittelsenkrechte OS auf FT wird der Geraden F_1T, die ebenfalls auf der Tangente senkrecht stehen muß, parallel. Die Hyperbel nähert sich also der genannten Mittelsenkrechten immer mehr, ohne sie jedoch im Endlichen zu erreichen.

Erklärung. Eine Gerade, der sich eine Kurve immer mehr nähert, ohne sie je im Endlichen zu erreichen, heißt eine **Asymptote**[1]) der Kurve.

Die Mittelsenkrechte OS auf FT ist eine Asymptote der Hyperbel. Nach dem Satze: Zieht man durch den Mittelpunkt einer Dreiecksseite zu einer zweiten Dreiecksseite die Parallele, so halbiert diese Parallele auch die dritte Seite des Dreiecks, erkennt man nun aus dem Dreieck F_1FT, daß die Asymptote durch O, den Mittelpunkt von F_1F, gehen muß.

Hätte man von F an den mit $2a$ um F_1 beschriebenen Kreis die zweite Tangente gelegt, so hätte man eine Figur erhalten, die der soeben ermittelten vollständig symmetrisch ist in bezug auf die Gerade F_1F. Die Hyperbel besitzt also noch eine zweite Asymptote OS_1.

Für den Fall, daß $PF - PF_1 = 2a$ ist, hätte der Kreis mit $2a$ um den Punkt F beschrieben werden müssen. Man hätte dann durch dieselben Überlegungen wie oben noch einen zweiten Teil der Kurve erhalten, der zu dem zuerst gefundenen symmetrisch ist in bezug auf die Mittelsenkrechte auf F_1F.

---

[1]) Hergeleitet von einem griechischen Zeitwort, das „nicht zusammenfallen" bedeutet.

§ 28. Erklärung und Gestalt der Hyperbel

Die Hyperbel besteht also aus zwei sich nach beiden Seiten in das Unendliche erstreckenden Zweigen mit zwei Asymptoten. Für den einen Zweig ist die Entfernung der Hyperbelpunkte von F_1 die größere, für den anderen die von F. Die Gestalt der Hyperbel zeigt Fig. 39. Die Punkte A und A_1, in denen die beiden Hyperbelzweige die Gerade F_1F schneiden, heißen die **Scheitel der Hyperbel**, ihr Abstand $A_1A = 2a$ heißt die **Hauptachse**. Der Punkt O ist **Mittelpunkt** der Hyperbel.

3. Konstruktion der Asymptoten. In Fig. 38 ist nach 2. OM eine Asymptote der Parabel mit den Brennpunkten F_1 und F. Errichtet man in A, dem einen Scheitel der Hyperbel, auf F_1F die Senkrechte, welche OM in S schneidet, so entsteht ein Dreieck OAS, das dem Dreieck OMF kongruent ist. Es ist nämlich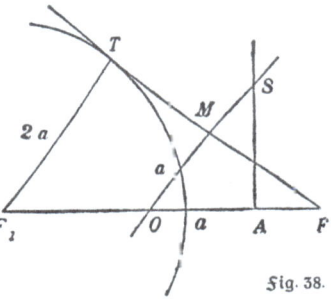

Fig. 38.

$OA = a$ nach 2., und $OM = \frac{1}{2} F_1T = a$, da die Verbindungslinie der Mitten zweier Dreiecksseiten halb so groß ist wie die dritte Seite. Ferner stimmen die Dreiecke in zwei Winkeln überein. Aus der Kongruenz der Dreiecke folgt, daß $OS = OF = e$ sein muß. Hierauf beruht eine einfache

Konstruktion der Asymptoten. Man beschreibt mit a um den Mittelpunkt O von F_1F den Kreis, der OF in A schneidet. Dann errichtet man in A das Lot auf OF und beschreibt um O mit $OF = e$ den Kreis. Durch die Punkte S und S_1, in denen dieser Kreis die Senkrechte schneidet, und durch O zieht man dann die Geraden. Diese Geraden sind die beiden Asymptoten.

Die Seite AS des Dreiecks OAS bezeichnet man durch b, so daß zwischen dieser Größe und den Größen a und e nach dem pythagoreischen Satz die Gleichung besteht $b^2 = e^2 - a^2$. Die Größe $2b$ nennt man die **Nebenachse** der Hyperbel.

§ 29. Die Gleichung der Hyperbel.

1. Die Mittelpunktsgleichung der Hyperbel (Fig. 27). Man wählt die durch die Strecke $F_1F = 2e$ bestimmte Gerade zur Abszissenachse und die Mittelsenkrechte auf dieser Strecke zur Ordinatenachse. Wird

die konstante Differenz der Entfernungen der Punkte der Kurve von F_1 und F mit $2a$ bezeichnet, dann muß, wenn $P(x, y)$ ein beliebiger Punkt der Kurve ist, und $PF_1 > PF$ ist, die Gleichung bestehen
$$PF_1 - PF = 2a \text{ oder } \sqrt{y^2 + (x+e)^2} - \sqrt{y^2 + (x-e)^2} = 2a.$$
Aus dieser Gleichung findet man durch ähnliche Umformungen wie bei der Herleitung der Gleichung der Ellipse (§ 23, 1) $x^2(e^2 - a^2) - a^2 y^2 = a^2(e^2 - a^2)$. Setzt man jetzt $e^2 - a^2 = b^2$, so findet man als **Mittelpunktsgleichung der Hyperbel**
$$b^2 x^2 - a^2 y^2 = a^2 b^2 \text{ oder } \frac{x^2}{a^2} - \frac{y^2}{b^2} = 1.$$
Liegt die Hyperbel so, daß ihr Mittelpunkt O die Koordinaten p und q besitzt, und ist die Achse der Kurve der Abszissenachse parallel, so ist, wie man durch Parallelverschiebung leicht findet, die

allgemeinere Gleichung der Hyperbel $\dfrac{(x-p)^2}{a^2} - \dfrac{(y-q)^2}{b^2} = 1.$

2. Untersuchung der Gestalt der Hyperbel mit Hilfe der gefundenen Gleichung. Aus der Gleichung der Hyperbel folgt $y = \pm \dfrac{b}{a} \sqrt{x^2 - a^2}$. Jedem Werte von x entsprechen zwei dem absoluten Werte nach gleiche, aber durch das Vorzeichen voneinander unterschiedene Werte von y, die Hyperbel liegt also symmetrisch zur Abszissenachse. Da x nur im Quadrat vorkommt, so ist auch die Ordinatenachse Symmetrieachse für die Hyperbel. Es ist also nur nötig, den Verlauf der Kurve im ersten Quadranten zu untersuchen. Für Werte von x, die kleiner als a sind, wird y imaginär, erst wenn $x = a$ wird, wird $y = 0$. Die Kurve schneidet also die Abszissenachse in dem Punkte, dessen Abszisse gleich a ist. Wenn nun x wächst, so wachsen auch die Werte von y, und wenn $x = \infty$ ist, ist auch $y = \infty$. Die Hyperbel ist also nicht geschlossen und besteht aus zwei voneinander getrennten Zweigen, die sich bis in das Unendliche erstrecken (Fig. 39). Der eine Zweig ist geometrischer Ort für alle Punkte, für welche $PF_1 > PF$ ist, der andere für die Punkte, für welche $PF_1 < PF$ ist. Daß die Gleichung, welche nur unter der Voraussetzung $PF_1 > PF$ gefunden ist, auch den zweiten Zweig der Hyperbel liefert, für den $PF_1 - PF = -2a$ ist, erklärt sich dadurch, daß durch das Quadrieren bei der Umformung der Gleichung der Vorzeichenunterschied verschwindet.

3. Die Gleichung der Asymptoten. Bei der getroffenen Wahl des Koordinatensystems ist jede Asymptote eine Gerade, die durch den

§ 29. Gleichung der Hyperbel

Anfangspunkt des Systems geht. Ihre Richtungskonstante erkennt man aus dem rechtwinkligen Dreieck OAC (Fig. 39), in welchem $\mathrm{tng}\, \alpha = \frac{b}{a}$ ist. Die **Gleichung der Asymptoten** lautet demnach

$$y = \pm \frac{b}{a} x.$$

Bringt man die Gleichung der Hyperbel auf die Form $y = \pm \frac{b}{a} x \sqrt{1 - \frac{a^2}{x^2}}$

und gibt nun dem x verschiedene Werte, so erkennt man sofort, daß die zugehörigen Ordinaten kleiner sein müssen als die Ordinaten, die für dieselben Werte von x sich aus der Gleichung $y = \pm \frac{b}{a} x$ ergeben, da der Wert der Wurzel kleiner als Eins ist. Weiter erkennt man, daß der Unterschied beider Ordinaten mit wachsendem Werte von x immer kleiner wird, da der Wert der Wurzel sich immer mehr der Eins nähert. Erst wenn x unendlich groß ist, verschwindet der

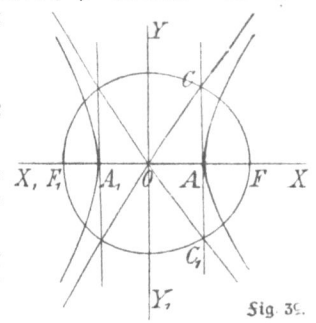

Fig. 39.

Unterschied. Die Hyperbel nähert sich also den Geraden, deren Gleichung $y = \pm \frac{b}{a} x$ ist, immer mehr, ohne sie jedoch im Endlichen zu erreichen. Die Geraden sind also die Asymptoten der Kurve.

4. Die gleichseitige Hyperbel. Eine Hyperbel, deren Haupt- und Nebenachse einander gleich sind ($2a = 2b$), heißt **gleichseitig**. Sie ist ebenso ein Sonderfall der Hyperbel, wie der Kreis ein Sonderfall der Ellipse ist.

Die Gleichung der gleichseitigen Hyperbel lautet

$$x^2 - y^2 = a^2.$$

Die Gleichung ihrer Asymptoten ist $y = \pm x$. Die Asymptoten der gleichseitigen Hyperbel halbieren also die Winkel der Achsen des Koordinatensystems und stehen daher aufeinander senkrecht.

5. Form der Gleichung, die eine Hyperbel darstellt.

Lehrsatz. Jede Gleichung zweiten Grades mit zwei Veränderlichen, in der das Glied mit xy fehlt, und in der die Koeffizienten der Quadrate der Veränderlichen verschiedene Vorzeichen besitzen, stellt eine Hyperbel dar.

VII. Die Hyperbel

Die Richtigkeit des Satzes erkennt man daraus, daß man jede Gleichung von der genannten Art durch Umformungen ähnlich denen, die § 23, 6 für die Ellipse ausgeführt wurden, auf die allgemeine Gleichung der Hyperbel zurückführt.

Aufgabe. Welche Kurve wird durch die Gleichung $16x^2 - 96x - 25y^2 - 100y - 356 = 0$ dargestellt?

Aus der gegebenen Gleichung findet man (vgl. § 23, 6, Aufgabe 1) $16(x-3)^2 - 25(y+2)^2 = 400$. Die Kurve ist eine Hyperbel, deren Mittelpunkt der Punkt $P(3, -2)$ ist, und in der $a = 5$ und $b = 4$ ist.

6. Aufgaben über die Hyperbel.

Aufgabe 1. Die Entfernung der Brennpunkte einer Hyperbel voneinander ist $2e = 100$, und die Gleichung ihrer Asymptoten $24y \mp 7x = 0$. Wie heißt die Gleichung der Hyperbel?

Mit Hilfe von e findet man die Gleichung $a^2 + b^2 = 2500$ und durch die Gleichung der Asymptoten $b : a = \pm 7 : 24$. Hieraus ergibt sich $a^2 = 2304$ und $b^2 = 196$.

Aufgabe 2. Der Mittelpunkt einer Hyperbel liegt im Anfangspunkt des Koordinatensystems, und ihre Achsen fallen in die Koordinatenachsen. Die Hyperbel geht durch die Punkte $P_1(25, 24)$ und $P_2(9, 4\sqrt{2})$, wie groß sind ihre Achsen?

Dadurch, daß die Hyperbel durch die gegebenen Punkte geht, findet man die Gleichungen $625b^2 - 576a^2 = a^2b^2$ und $81b^2 - 32a^2 = a^2b^2$. Hieraus findet man $a = 7$ und $b = 7$. Die Hyperbel ist also gleichseitig, und ihre Gleichung lautet $x^2 - y^2 = 49$.

Aufgabe 3. Um den auf der positiven Seite der Abszissenachse liegenden Scheitel der Hyperbel $3x^2 - y^2 = 108$ ist der Kreis beschrieben, der den zweiten Zweig der Hyperbel im Scheitel berührt. Wie heißt die Gleichung dieses Kreises, und in welchen Punkten schneidet er die Hyperbel?

Für die Hyperbel ist $a = 6$, $b = 6\sqrt{3}$, $e = 12$. Die Gleichung des Kreises lautet $(x-6)^2 + y^2 = 144$, er schneidet die Hyperbel in den Punkten $(9, \pm 3\sqrt{15})$.

Aufgabe 4. Wo schneidet der Kreis, der um den auf der positiven Seite der Abszissenachse liegenden Brennpunkt der Hyperbel $36x^2 - 64y^2 = 2304$ mit dem Radius $r = 10$ beschrieben ist, die Asymptoten der Hyperbel?

In den Punkten $P_1(0, 0)$, $P_2\left(12\frac{4}{5}, 9\frac{3}{5}\right)$ und $P_3\left(12\frac{4}{5}, -9\frac{3}{5}\right)$.

§ 30. Die Tangente und ihre Lage zu den Vektoren.

1. Die Gleichung der Tangente. Ähnlich wie § 14, § 18, § 25 die Gleichungen der Tangenten für die früher behandelten Kurven gefunden wurden, findet man als **Gleichung der Hyperbeltangente**

$$\frac{x x_1}{a^2} - \frac{y y_1}{b^2} = 1.$$

Aufgabe. An die Hyperbel $x^2 - 4y^2 = 144$ soll eine Tangente gelegt werden, welche der Geraden $16y - 10x = 23$ parallel ist. Welches sind die Koordinaten des Berührungspunktes?

Man bezeichnet die gesuchten Koordinaten durch x_1 und y_1 und stellt dann für den Punkt $P_1(x_1, y_1)$ die Gleichung der Tangente auf. Hierauf setzt man die Richtungskonstanten der Tangente und der Geraden einander gleich. Dadurch erhält man eine Gleichung zwischen x_1 und y_1. Die zweite Gleichung findet man, wenn man bedenkt, daß P_1 ein Punkt der Hyperbel ist. Es ergeben sich als Berührungspunkte $P_1(20, 8)$ und $P_2(-20, -8)$.

2. Schnittpunkt der Tangente mit der Abszissenachse. Setzt man in der Gleichung der Hyperbeltangente $y = 0$, so findet man als Abszisse des Schnittpunktes der Tangente mit der Abszissenachse $x = \frac{a^2}{x_1}$, wenn x_1 die Abszisse des Berührungspunktes der Tangente ist. Für den rechten Zweig der Hyperbel ist der kleinste Wert, den x_1 annehmen kann, $x_1 = a$. Für diesen Wert wird auch $x = a$, und dieser Wert ist der größte, den x haben kann. Wird x_1 größer, so wird x kleiner. Der Schnitt der Tangente mit der Abszissenachse rückt also näher an den Mittelpunkt O der Hyperbel heran, er erreicht diesen aber erst, wenn $x_1 = \infty$ wird. Für den linken Zweig der Hyperbel findet man dieselben Werte für x, nur mit entgegengesetztem Vorzeichen. Der Schnittpunkt der Tangente mit der Abszissenachse liegt also stets zwischen den Scheiteln der Hyperbel. Die Abschnitte, in welche er den Abstand der Brennpunkte teilt, sind (Fig. 40) $TF_1 = e + \frac{a^2}{x_1}$ und $TF = e - \frac{a^2}{x_1}$.

3. Länge der Radienvektoren (Fig. 40). Fällt man in dem Dreieck P_1F_1F, das durch den Abstand $2e$ der Brennpunkte und die Vektoren nach F_1 und F gebildet wird, von P_1 die Senkrechte auf F_1F, welche gleich y_1 ist, so findet man durch ähnliche Rechnungen, wie sie § 26, 1 ausgeführt sind, die Länge der Vektoren nach P_1. Setzt man wieder

74 VII. Die Hyperbel

$\frac{e}{a} = \varepsilon$, so erhält man $r_1 = \varepsilon x_1 + a$ und $r = \varepsilon x_1 - a$. Die Größe ε heißt auch bei der Hyperbel die **numerische Exzentrizität**. Es ist aber zu beachten, daß hier ε stets **größer als Eins** sein muß, während bei der Ellipse ε einen Wert hatte, der kleiner als Eins war.

4. Lage der Tangente zu den Vektoren. Benutzt man die soeben für die Radienvektoren gefundenen Werte und die Werte, welche in 2. für die Abschnitte gefunden wurden, in welche der Schnittpunkt der Tangente den Abstand der Brennpunkte teilt, so findet man in dem Dreieck $P_1 F_1 F$ (Fig. 40) die Gleichungen

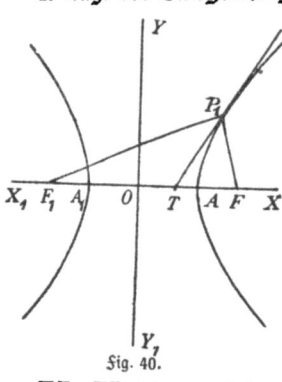

Fig. 40.

$$\frac{P_1 F_1}{P_1 F} = \frac{\varepsilon x_1 + a}{\varepsilon x_1 - a} \text{ und } \frac{T F_1}{T F} = \frac{e x_1 + a^2}{e x_1 - a^2}.$$

Dividiert man Zähler und Nenner des letzten Bruches durch a, so nimmt der Bruch denselben Wert an wie der Bruch auf der rechten Seite der ersten Gleichung. Es besteht also die Gleichung $P_1 F_1 : P_1 F = T F_1 : T F$. Hieraus folgt nach dem § 26, 2 genannten Satz aus der Planimetrie, daß $P_1 T$ den Winkel bei P_1 halbieren muß. Dies ergibt den

Lehrsatz. Die Tangente einer Hyperbel halbiert den Winkel, welchen die Radienvektoren nach ihrem Berührungspunkt miteinander bilden.

Auf Grund dieses Satzes läßt sich eine einfache Konstruktion der Tangente an die Hyperbel in einem gegebenen Punkt ausführen.

§ 31. Die Hyperbel und eine sie schneidende Gerade.

Die Gleichung der Hyperbel sei $b^2 x^2 - a^2 y^2 = a^2 b^2$ und die Gleichung einer beliebigen Geraden $y = lx + m$. Setzt man den Wert von y aus der Gleichung der Geraden in die Hyperbelgleichung ein, so kommt man auf eine quadratische Gleichung für x. Bringt man diese Gleichung auf die Normalform, so findet man aus dieser (vgl. § 20, 2 und § 27, 2) für die Abszisse des Mittelpunktes der durch die Gerade bestimmten Hyperbelsehne $x = \dfrac{l m a^2}{b^2 - a^2 l^2}$.

Durch die Asymptoten der Hyperbel, deren Gleichung $y = \pm \dfrac{b}{a} x$ ist, wird auf derselben Geraden $y = lx + m$ eine Strecke abgeschnit-

§ 31. Die Hyperbel und eine sie schneidende Gerade

ten, deren Endpunkte die gemeinschaftlichen Lösungen beider Gleichungen als Koordinaten besitzen. Man findet als Abszisse dieser Schnittpunkte für die einzelnen Asymptoten die Werte $x_1 = \frac{am}{b-al}$ und $x_2 = -\frac{am}{b+al}$. Addiert man diese beiden Werte und halbiert die erhaltene Summe, so erhält man für die Abszisse des Mittelpunktes der zwischen den Asymptoten liegenden Strecke denselben Wert, der vorher für die Abszisse des Mittelpunktes der Sehne gefunden wurde. Da der zu dieser Abszisse gehörende Wert der Ordinate der Mittelpunkte für beide Strecken durch Einsetzen des Wertes von x in die Gleichung der Geraden erhalten wird, so haben die beiden Mittelpunkte auch dieselbe Ordinate. Die Hyperbelsehne und die Strecke zwischen den Asymptoten, die auf derselben Geraden liegen, haben also denselben Mittelpunkt.

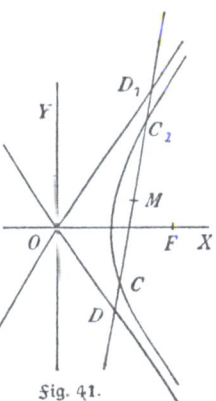

Fig. 41.

Nennt man die Hyperbelsehne CC_1 (Fig. 41), die Strecke zwischen den Asymptoten DD_1 und den gemeinsamen Mittelpunkt beider Strecken M, so ist $MD = MD_1$ und $MC = MC_1$. Durch Subtraktion folgt hieraus $MD - MC = MD_1 - MC_1$ oder $CD = C_1 D_1$. In dieser Gleichung ist enthalten der

Lehrsatz 1. Schneidet eine Gerade einen Hyperbelzweig, so sind die beiden Abschnitte auf der Geraden, welche zwischen der Hyperbel und den Asymptoten liegen, einander gleich.

Bewegt man die Gerade durch Parallelverschiebung nach dem Schnittpunkt der Asymptoten hin, so rücken ihre Schnittpunkte mit der Hyperbel immer näher aneinander und fallen schließlich in einen Punkt zusammen, wenn die Gerade zur Tangente der Hyperbel wird. Diese Betrachtung ergibt den

Lehrsatz 2. Das Stück einer Hyperbeltangente, welches zwischen den beiden Asymptoten liegt, wird durch den Berührungspunkt halbiert.

Man kann nun leicht die folgende Aufgabe lösen.

Aufgabe. Eine Hyperbel zu konstruieren, von der die beiden Asymptoten und ein Punkt gegeben sind.

Lösung (Fig. 42). OS und OS_1 seien die beiden Asymptoten, C der

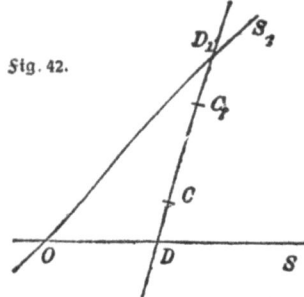

Fig. 42.

gegebene Punkt. Man legt durch C eine Gerade, die die Asymptoten in D und D_1 schneidet. Hierauf trägt man von D_1 aus auf DD_1 die Strecke CD ab bis C_1, dann ist C_1 ein zweiter Punkt der Hyperbel. In dieser Weise kann man beliebig viel Punkte der Hyperbel finden und dadurch die Kurve konstruieren.

Den Punkt C_1 kann man auch dadurch finden, daß man auf DD_1 die Strecke D_1C von D aus abträgt.

Achter Abschnitt.
Koordinatensysteme und Koordinatenverwandlung.

§ 32. Das schiefwinklige Koordinatensystem.

In den bisherigen Untersuchungen ist nur **das rechtwinklige Koordinatensystem** gebraucht worden. Bei Benutzung dieses Systems denkt man sich die Ebene, in der man Punkte bestimmen will, von zwei Scharen von unendlich vielen Parallelen so durchzogen, daß die Parallelen der einen Schar auf denen der anderen senkrecht stehen. Man kann dann jeden Punkt der Ebene als Schnittpunkt zweier Geraden auffassen, die je einer der beiden Scharen von Parallelen angehören. Um hierdurch die Lage des Punktes zu bestimmen, betrachtet man aus jeder der beiden Scharen von Parallelen eine der Parallelen als der Lage nach bekannt. Dies sind die Achsen des Koordinatensystems. Dann gibt man die Abschnitte mit dem vereinbarten Vorzeichen (§ 1, 1) an, welche die Parallelen durch den zu bestimmenden Punkt auf den beiden Achsen von deren Schnittpunkt aus abschneiden. Diese Abschnitte sind die rechtwinkligen Koordinaten des Punktes, die man als Abszisse und Ordinate unterscheidet.

Es ist leicht einzusehen, daß man sich die Ebene auch bedeckt denken könnte von zwei Scharen von unendlich vielen Parallelen, die eine

§ 32. Das schiefwinklige Koordinatensystem

solche Lage zueinander haben, daß die Parallelen der einen Schar mit denen der anderen einen beliebigen schiefen Winkel bilden. Man erhält dadurch ein **schiefwinkliges Koordinatensystem.** Die Bestimmung eines Punktes erfolgt bei diesem System ähnlich wie bei dem rechtwinkligen dadurch, daß man wieder aus jeder Schar eine der Parallelen als der Lage nach bekannt betrachtet. Diese sind dann die Koordinatenachsen. Dann gibt man die Strecken an, die auf diesen Achsen durch die beiden Parallelen durch den zu bestimmenden Punkt vom Schnittpunkt der Achsen aus abgeschnitten werden. Diese Strecken, versehen mit einem die Lage genau so wie bei dem rechtwinkligen System bestimmenden Vorzeichen, heißen die schiefwinkligen Koordinaten des Punktes und werden wieder Abszisse und Ordinate genannt, auch durch x und y bezeichnet. Es muß aber, wenn man durch schiefwinklige Koordinaten die Lage eines Punktes bestimmt, auch jedesmal der Winkel des Koordinatensystems, d. h. der Winkel, unter dem die Parallelen der beiden Scharen sich schneiden, angegeben werden.

Die Gleichungen der in den vorhergehenden Kapiteln behandelten Linien erhalten für ein schiefwinkliges System eine ganz andere Gestalt als für das rechtwinklige. Es wird dies klar werden bei Lösung der

Aufgabe. In einem schiefwinkligen Koordinatensystem die Gleichung der Geraden zu bestimmen, welche die Abszissenachse unter dem Winkel α schneidet und die Ordinatenachse m Längeneinheiten vom Anfangspunkt entfernt trifft.

Lösung (Fig. 43). Der Winkel der Koordinatenachsen sei ω. Ein beliebiger Punkt P der Geraden habe die Koordinaten x und y. Zieht man durch den Punkt Q, in dem die Gerade die Ordinatenachse schneidet, die Parallele zur Abszissenachse, so entsteht das Dreieck QRP. In diesem Dreieck ist $\measuredangle PQR = \alpha$, $\measuredangle QPR = \measuredangle YQP = \omega - \alpha$, Seite $PR = y - m$ und Seite $QR = x$. Nach dem Sinussatz besteht daher die Gleichung

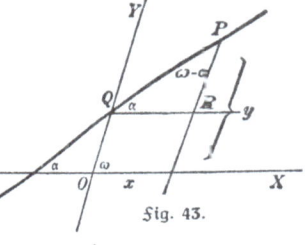

Fig. 43.

$$\frac{y-m}{x} = \frac{\sin \alpha}{\sin(\omega - \alpha)}.$$

Hieraus findet man als Gleichung der Geraden $y = \dfrac{\sin \alpha}{\sin(\omega - \alpha)} x + m$.

Bemerkung. Wird ω gleich einem Rechten, so wird $\sin(\omega - \alpha)$

$= \sin(90^0 - \alpha) = \cos \alpha$, und man erhält die § 9, 1 gefundene Formel.

Zuweilen erhält man bei Benutzung schiefwinkliger Koordinaten eine wesentlich einfachere Gleichung als bei rechtwinkligen. Ein Beispiel hierfür ist die Asymptotengleichung der Hyperbel § 34, 2.

§ 33. Das Polarkoordinatensystem.

Die Bestimmung der Punkte einer Ebene kann auch dadurch geschehen, daß man sich durch einen beliebigen, als bekannt angenommenen Punkt der Ebene ein Strahlenbüschel mit unendlich vielen Strahlen gelegt denkt, und weiter um diesen Punkt, den Scheitel des Büschels, eine Schar von unendlich vielen konzentrischen Kreisen. Es kann dann jeder Punkt der Ebene als Schnittpunkt eines der Strahlen mit einem der Kreise aufgefaßt werden. Das so erhaltene System nennt man das **Polarkoordinatensystem**. Zur Bestimmung der Lage eines Punktes ist es nur nötig, daß man außer dem Scheitel O (Fig. 44) einen Strahl

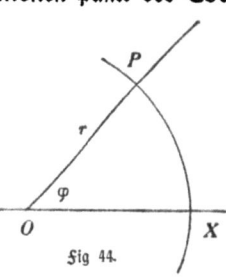
Fig. 44.

des Büschels, etwa OX, als durch seine Lage bekannt betrachtet. Es bestimmen dann der Winkel φ, den der Strahl durch den zu bestimmenden Punkt P mit dem bekannten Strahl bildet, und der Radius $OP = r$ des Kreises, der durch den zu bestimmenden Punkt hindurchgeht, eindeutig die Lage des Punktes. Man nennt den Scheitel O des Büschels den **Pol** des Systems, der als bekannt angenommene Strahl heißt die **Achse** des Systems. Die Größen r und φ heißen die **Polarkoordinaten** des Punktes P, und zwar nennt man den Winkel φ die **Anomalie**[1]) und r den **Radiusvektor** des Punktes P.

Es ist vereinbart, daß der Winkel φ von der Achse OX aus stets in der Richtung gemessen wird, welche der Richtung, in welcher der Zeiger einer Uhr sich bewegt, gerade entgegengesetzt ist, also im positiven Drehungssinn. Ferner ist r stets als eine absolute Größe zu betrachten, da es zur Bestimmung der Lage des Punktes P auf dem durch ihn hindurchgehenden Strahl nur auf die Länge von r ankommt, nicht aber auf die Richtung, in der r liegt. Diese Richtung ist durch die Anomalie φ bestimmt.

An späterer Stelle (§ 38, 4) wird eine Anwendung dieses Koordinatensystems gezeigt werden.

---

1) Abweichung.

§ 34. Verwandlung der Koordinaten.

1. Bemerkung. Es ist eine öfter vorkommende Aufgabe, daß man, nachdem die Gleichung einer Kurve für ein bestimmtes Koordinatensystem gefunden ist, nun auch die Gleichung derselben Kurve für ein anderes System aufstellen soll. Oder es wird verlangt, daß man, nachdem man die Gleichung einer Kurve für ein bestimmtes Koordinatensystem gefunden hat, nun auch die Gleichung der Kurve für dasselbe System, aber in anderer Lage, herleite. Eine solche Aufgabe, wie die letzte, ist im vorhergehenden stets ausgeführt worden, wenn eine neue Gleichung durch Parallelverschiebung des rechtwinkligen Systems hergeleitet wurde. Wie nun bei der Parallelverschiebung die neue Gleichung nicht etwa durch neue Herleitung, sondern stets dadurch gefunden wurde, daß man in der für die eine

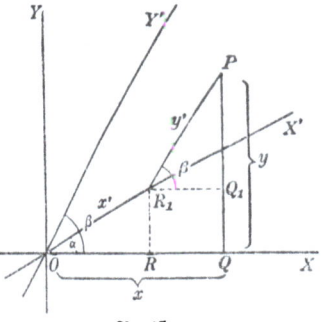

Fig. 45.

Lage gefundenen Formel die ursprünglichen Koordinaten durch neue Werte nach bekannten Formeln ersetzte (vgl. § 5, 1), so wird auch bei den oben genannten Aufgaben die Herleitung der Gleichung für das neue System dadurch ausgeführt, daß man feststehende Formeln benutzt. Diese Formeln, durch welche der Übergang von dem einen System zu dem anderen vollzogen wird, nennt man die **Transformationsformeln**. Sie sollen im folgenden für einige Fälle ermittelt werden.

2. Verwandlung rechtwinkliger Koordinaten in schiefwinklige bei gleichem Anfangspunkt beider Systeme.

In dem rechtwinkligen Koordinatensystem YOX (Fig. 45) besitze ein Punkt P die Koordinaten x und y. Das rechtwinklige Koordinatensystem soll durch ein schiefwinkliges ersetzt werden, das denselben Anfangspunkt O besitzt, dessen Abszissenachse und Ordinatenachse (OX' und OY') aber mit der Abszissenachse des rechtwinkligen Systems die Winkel α bzw. β bilden. Die schiefwinkligen Koordinaten des Punktes P seien x' und y'. Es handelt sich nun darum, Gleichungen zwischen den rechtwinkligen und schiefwinkligen Koordinaten von P aufzustellen, die es gestatten, die rechtwinkligen Koordinaten

VIII. Koordinatensysteme und Koordinatenverwandlung

durch die schiefwinkligen auszudrücken. Wie man aus der Figur erkennt, ist $x = OR + RQ = OR + R_1Q_1$ und $y = QQ_1 + Q_1P = RR_1 + Q_1P$. Die auf den rechten Seiten dieser Gleichungen stehenden Strecken kann man mit Hilfe der Dreiecke ORR_1 und R_1Q_1P durch die schiefwinkligen Koordinaten und Funktionen der Winkel α und β ersetzen. Hierdurch findet man **die Transformationsformeln**

$$x = x' \cos \alpha + y' \cos \beta, \quad y = x' \sin \alpha + y' \sin \beta.$$

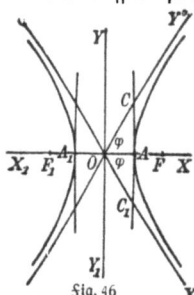

Fig. 46

Ein Beispiel für die Anwendung dieser Formeln bietet die Herleitung der Asymptotengleichung der Hyperbel aus der früher gefundenen Mittelpunktsgleichung dieser Kurve. Man versteht unter der Asymptotengleichung der Hyperbel die Gleichung, welche diese Kurve in dem Koordinatensystem darstellt, dessen Achsen die beiden Asymptoten der Hyperbel sind. Der Winkel $X'OY'$ (Fig. 46), den die Asymptoten miteinander bilden, sei 2φ. Beachtet man, daß dieser Winkel durch die Hauptachse der Hyperbel, die zugleich Abszissenachse des rechtwinkligen Koordinatensystems ist, halbiert wird, so erkennt man, daß die Achsen des neuen Koordinatensystems um die Winkel $-\varphi$ bzw. φ gegen die Abszissenachse gedreht sind. Setzt man nun in den oben gefundenen Transformationsformeln $\alpha = -\varphi$ und $\beta = \varphi$, so erhält man die Gleichungen $x = (x' + y') \cos \varphi$ und $y = (-x' + y') \sin \varphi$. Diese Werte werden für x und y in die Gleichung der Hyperbel $b^2x^2 - a^2y^2 = a^2b^2$ eingesetzt, und man erhält $b^2(x' + y')^2 \cos^2 \varphi - a^2(-x' + y')^2 \sin^2 \varphi = a^2b^2$. Aus dem rechtwinkligen Dreieck OAC findet man nun, daß $\cos \varphi = \frac{a}{e}$ und $\sin \varphi = \frac{b}{e}$ ist (vgl. § 28, 3). Werden diese Werte für die trigonometrischen Funktionen in die gefundene Gleichung eingeführt, so findet man nach einigen Umformungen $4x'y' = e^2$.

Die Asymptotengleichung der Hyperbel lautet demnach

$$xy = \frac{e^2}{4}.$$

In dieser Gleichung sind die Striche bei x und y, welche bei der Herleitung die schiefwinkligen Koordinaten von den rechtwinkligen unterscheiden sollten, fortgelassen.

§ 34. Verwandlung der Koordinaten

3. Drehung des rechtwinkligen Koordinatensystems. Ein rechtwinkliges Koordinatensystem werde um den Anfangspunkt im positiven Drehungssinn so gedreht, daß die Abszissenachse in ihrer neuen Lage mit ihrer früheren Lage den Winkel α bildet. Es muß dann die Ordinatenachse in ihrer neuen Lage mit der Abszissenachse in ihrer ursprünglichen Lage den Winkel $90^0 + \alpha$ bilden. Die Formeln, durch welche man die Koordinaten für das System in seiner Anfangslage durch die Koordinaten für die neue Lage ausdrücken kann, können daher aus der Formel in 2. gewonnen werden, wenn man in ihnen β durch $90^0 + \alpha$ ersetzt. Man findet in dieser Weise die **Transformationsformeln**

$$x = x' \cos \alpha - y' \sin \alpha, \quad y = x' \sin \alpha + y' \cos \alpha.$$

Die Drehung des rechtwinkligen Koordinatensystems um den Anfangspunkt wird angewendet, wenn für eine Kurve eine quadratische Gleichung mit zwei Veränderlichen gegeben ist, in der auch ein Glied mit dem Produkt xy vorkommt, das bisher in allen Gleichungen fehlen mußte. Es kann nämlich mit Hilfe dieser Drehung die gegebene Gleichung in eine solche umgeformt werden, die das Produkt xy nicht mehr enthält. Das Verfahren hierbei ist das folgende. Man denkt sich das Koordinatensystem um einen beliebigen Winkel α gedreht, dessen Bestimmung man sich noch vorbehält. Dann ersetzt man die Veränderlichen x und y durch die Koordinaten x' und y' für die neue Lage des Koordinatensystems mit Hilfe der obigen Transformationsformeln. Nach dieser Umformung findet sich dann bei dem Produkt xy ein Koeffizient, in welchem auch der Winkel α vorkommt. Nun verfügt man über den Wert von α so, daß das Glied mit xy fortfällt, d. h. man setzt den Koeffizienten des Produktes gleich Null und berechnet aus der so erhaltenen Gleichung den Wert von α. Diesen Wert von α setzt man dann in die erhaltene Gleichung ein und bekommt so eine Gleichung, in der das Glied mit xy nicht mehr vorkommt. Die durch die erhaltene Gleichung dargestellte Kurve läßt sich dann nach dem früher Gesagten bestimmen. Die folgende Aufgabe soll dies klarmachen.

Aufgabe. Welche Kurve wird durch die für rechtwinklige Koordinaten geltende Gleichung $x^2 + y^2 + xy = 6 a^2$ dargestellt?

Lösung. Denkt man sich das rechtwinklige Koordinatensystem um den Winkel α gedreht und ersetzt die Veränderlichen x und y nach den für diese Drehung geltenden Transformationsformeln, so erhält man die Gleichung $x'^2 \cos^2 \alpha - 2x'y' \cos \alpha \sin \alpha + y'^2 \sin^2 \alpha + x'^2 \sin^2 \alpha + 2x'y' \sin \alpha \cos \alpha + y'^2 \cos^2 \alpha + x'^2 \sin \alpha \cos \alpha - x'y' \sin^2 \alpha + x'y' \cos^2 \alpha - y'^2 \sin \alpha \cos \alpha = 6a^2$. Da $\sin^2 \alpha + \cos^2 \alpha = 1$ ist und $\cos^2 \alpha - \sin^2 \alpha = \cos 2\alpha$, findet man nach Zusammenfassung der Glieder $(1 + \sin \alpha \cos \alpha) x'^2 + (1 - \sin \alpha \cos \alpha) y'^2 + \cos 2\alpha \cdot x'y' = 6a^2$. Nun verfügt man über α so, daß das Produkt der Veränderlichen verschwindet. Es muß also $\cos 2\alpha = 0$, und daher $\alpha = 45°$ sein. Da

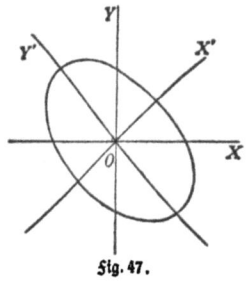

Fig. 47.

$\cos 45° = \sin 45° = \sqrt{\frac{1}{2}}$ ist, wird für diesen Wert von α der Koeffizient von x'^2 gleich $\frac{3}{2}$, und der Koeffizient von y'^2 wird $\frac{1}{2}$. Man erhält also als Gleichung der Kurve in dem neuen System $3x'^2 + y'^2 = 12a^2$ oder $\frac{x'^2}{4a^2} + \frac{y'^2}{12a^2} = 1$. Die Gleichung $x^2 + y^2 + xy = 6a^2$ stellt also eine Ellipse dar, deren Achsen die Winkel des ursprünglichen Koordinatensystems halbieren, und deren Mittelpunkt mit dem Anfangspunkt des Koordinatensystems zusammenfällt. Die im ersten und dritten Quadranten liegende Achse ist $4a$, die darauf senkrechte Achse gleich $4a\sqrt{3}$ (Fig. 47).

Neunter Abschnitt.
Parabel, Ellipse und Hyperbel.
§ 35. Parabel, Ellipse und Hyperbel als Kegelschnitte.

1. Geschichtliches. Drei große Probleme beschäftigten die Mathematiker des Altertums

I. Die Quadratur des Kreises: Einen gegebenen Kreis in ein Quadrat zu verwandeln.

II. Die Dreiteilung des Winkels: Einen gegebenen Winkel in drei gleiche Teile zu teilen.

III. Die Verdopplung des Würfels: Die Kante eines Würfels zu finden, dessen Inhalt doppelt so groß ist wie der Inhalt eines gegebenen Würfels.

Die letzte Aufgabe wird auch das Delische Problem genannt, weil das Orakel des Apollo zu Delos als Mittel zur Beseitigung einer

§ 35. Parabel, Ellipse und Hyperbel als Kegelschnitte

in Griechenland herrschenden Pest den Rat erteilt haben soll, den Altar des Apollo, der die Gestalt eines Würfels hatte, zu verdoppeln, ohne die Würfelform zu ändern.

Bei dem Versuch, die genannten Probleme zu lösen, entdeckte **Menächmos** (um 350 v. Chr.), ein Schüler Platos, die drei in den vorhergehenden Kapiteln behandelten Kurven. Er unterschied nach dem Winkel, den das gleichschenklige Dreieck, welches den Achsenschnitt eines Kegels darstellt, an der Spitze besitzt, drei verschiedene Arten von Kegeln. Jeder dieser Kegel schnitt er durch eine Ebene, die senkrecht zu einer Seitengeraden war. Er fand so als Schnittfigur der Ebene mit dem Kegel, dessen Achsenschnitt an der Spitze einen spitzen Winkel besitzt, die Ellipse. Der Schnitt durch den Kegel mit rechtem Winkel an der Spitze gab die Parabel, und der Schnitt durch den Kegel mit stumpfem Winkel an der Spitze den einen Hyperbelzweig.[1]) Wegen dieser Entstehung nennt man die drei Kurven Parabel, Ellipse und Hyperbel mit gemeinsamem Namen die Kegelschnitte. Die besonderen Namen für die einzelnen Kegelschnitte stammen nicht von Menächmos, sondern von Apollonius (um 225 v. Chr., vgl. § 37, 4), der ein Werk von acht Büchern über die Kegelschnitte geschrieben hat und in demselben auch den Nachweis geführt hat, daß alle drei Kurven durch Schnitte einer Ebene mit einem einzigen Kegel erzeugt werden können.

Mit Hilfe der Kegelschnitte gelingt es, das zweite und dritte der im Anfang genannten Probleme der Alten zu lösen. Wie eine solche Lösung ausgeführt werden kann, wird im folgenden gezeigt werden. Es sei aber bemerkt, daß trotzdem die beiden Aufgaben nicht zu den lösbaren Aufgaben gerechnet werden dürfen. Nach dem Vorgang Platos werden nämlich nur solche Aufgaben als lösbar betrachtet, die nur mit Hilfe von Lineal und Zirkel gelöst werden können. Dies ist aber bei der Lösung der beiden Probleme mit Benutzung der Kegelschnitte nicht der Fall.

2. Die Dreiteilung des Winkels (Fig. 48). Winkel BAC sei der gegebene Winkel. Man errichte auf AC im Punkte A die Senkrechte AD und lege durch einen beliebigen Punkt E auf dem Schenkel AB die gleichseitige Hyperbel, deren Asymptoten die aufeinander senkrechten Geraden AC und AD sind (§ 29, 4). Nun beschreibe man mit $2AE$ um E den Kreis, der die Hyperbel in F schneiden möge, und ziehe die Gerade EF, die die Asymptoten in G und H schneidet.

---

[1]) Der andere liegt im Gegenkegel.

Schließlich ziehe man die Gerade durch A und den Mittelpunkt M von EF, der nach § 31 auch der Mittelpunkt von GH ist. Da in einem rechtwinkligen Dreieck die Mittellinie nach der Hypotenuse gleich der halben Hypotenuse ist, so ist Dreieck AMH gleichschenklig, und als Außenwinkel an der Spitze dieses Dreiecks $\measuredangle EMA = 2 \measuredangle MAH$. Nach der Konstruktion ist auch Dreieck AME gleichschenklig und daher $\measuredangle EMA = \measuredangle EAM$. Es muß also $\measuredangle EAM = 2 \measuredangle MAH$ sein. Halbiert man nun noch $\measuredangle EAM$, so ist der gegebene Winkel in drei gleiche Teile geteilt.

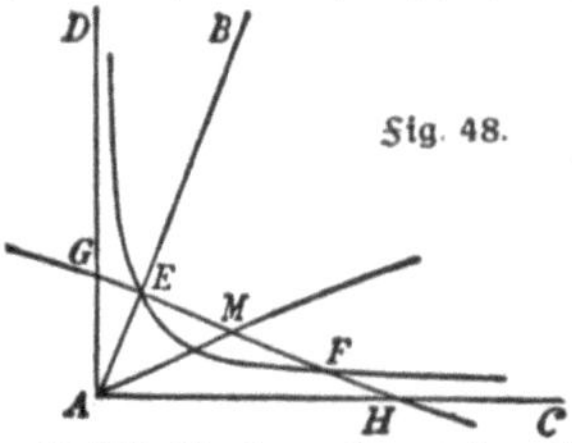

Fig. 48.

3. Die Verdopplung des Würfels. Die Kante des gegebenen Würfels sei a. Man stelle die beiden Gleichungen auf $x^2 = ay$ und $y^2 = 2ax$. Die erste dieser Gleichungen stellt eine Parabel mit dem Halbparameter $\frac{1}{2}a$ dar, die im ersten und zweiten Quadranten verläuft. Die zweite Gleichung ist Gleichung einer Parabel mit dem Halbparameter a, die im ersten und vierten Quadranten liegt (§ 17, 3). Beide Parabeln schneiden sich im ersten Quadranten. Bestimmt man aus der Gleichung der ersten Parabel $y = \frac{x^2}{a}$ und setzt diesen Wert für y in die Gleichung der zweiten Parabel ein, so findet man für die Abszisse des Schnittpunktes beider Parabeln die Gleichung $x^3 = 2a^3$. Diese Abszisse ist also die Kante des gesuchten Würfels.

4. Beweis, daß die Schnitte einer Ebene mit einer Kegelfläche Ellipsen, Parabeln oder Hyperbeln sind. In 1. ist gesagt worden, daß es Apollonius gelungen ist, zu zeigen, daß die drei Kurven, welche Menächmos durch Schnitte einer Ebene mit drei verschiedenen Kegeln erhielt, auch durch Schnitte von Ebenen mit nur einem Kegel erzeugt werden können. Die Gestalt der Kurve, welche man erhält, kann dabei nur abhängig sein von der Lage, die die schneidende Ebene zum Kegel besitzt. Die Schnittfigur wird eine Ellipse, wenn die Ebene sämtliche Seitengeraden des Kegels schneidet, sie wird eine Parabel, wenn die Ebene einer Seitengeraden des Kegels parallel ist, und man erhält eine Hyperbel, wenn die Ebene zu zwei Seitengeraden des Kegels parallel ist. Statt zu sagen, daß man einen Kegel schneidet, dessen Seitengeraden durch Spitze und Grundfläche endlich begrenzt sind,

§ 35. Parabel, Ellipse und Hyperbel als Kegelschnitte

hätte man auch sagen können, man schneide eine Kreiskegelfläche. Da die Kreiskegelfläche eine Fläche ist, die dadurch entsteht, daß eine Gerade sich so längs eines Kreises bewegt, daß sie dabei stets durch einen festen Punkt, den Scheitel der Kegelfläche, hindurchgeht, und da demnach eine Kegelfläche sich vom Scheitel aus nach zwei entgegengesetzten Richtungen bis in das Unendliche erstreckt, so wird bei dieser Auffassung es zunächst klar, daß auch die Parabel bis in das Unendliche verläuft. Ferner erkennt man, daß die Hyperbel aus zwei Zweigen besteht, die sich nach verschiedenen Seiten in das Unendliche erstrecken, denn die Ebene, die zwei Seitengeraden parallel ist, muß jede der Halbkegelflächen, die zu beiden Seiten des Scheitels liegen, schneiden.

Der Beweis dafür, daß der Schnitt einer Ebene mit einer Kegelfläche wirklich eine der genannten Kurven darstellt, kann auf verschiedene Weise geführt werden. In dem folgenden Lehrsatz soll er für die Ellipse mit Benutzung von Kugeln geliefert werden, die man die Dandelinschen Berührungskugeln nennt. Ähnliche Beweise lassen sich auch für Hyperbel und Parabel geben.

Lehrsatz. Schneidet eine Ebene eine Kreiskegelfläche so, daß sämtliche Seitengeraden der Kegelfläche getroffen werden, so ist die Schnittfigur eine Ellipse.

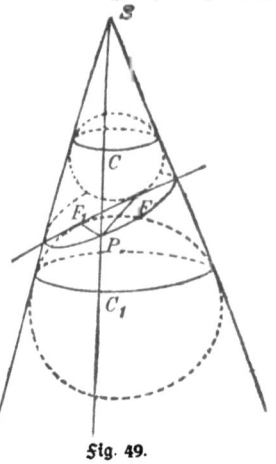

Fig. 49.

Beweis (Fig. 49). Man legt in die Kegelfläche zwei die Kegelfläche berührende Kugeln, von denen die eine die schneidende Ebene auf der dem Scheitel zugewandten Seite im Punkte F, die zweite die Ebene auf der andern Seite im Punkte F_1 berührt (Dandelinsche Berührungskugeln). Beide Kugeln berühren die Kegelfläche in Kreisen. Nun zieht man vom Scheitel S aus eine beliebige Seitengerade des Kegels, welche den oberen Berührungskreis in C, den unteren in C_1 trifft und die Ebene im Punkte P durchschneidet. Es besitzt dann, wo man auch die Seitengerade ziehen möge, die Strecke CC_1 stets dieselbe Größe, weil die Differenz der von S an die beiden Kugeln gelegten Tangenten ($SC_1 - SC$) auf allen Seitengeraden dieselbe ist. Verbindet man ferner P mit F und F_1, so muß, da die Tangenten von einem Punkt an eine Kugel einander gleich sind, $PF = PC$ und $PF_1 = PC_1$ sein. Addiert man diese beiden Gleichungen, so findet man $PF + PF_1 = PC + PC_1 = CC_1$. Hierdurch ist für den beliebigen Punkt P der Schnittlinie der Ebene und der Kegelfläche nachgewiesen, daß seine Entfernungen von den Punkten F und F_1 die feste Summe CC_1 ergeben. Es gilt dies daher für alle Punkte der Schnittlinie. Die Schnittlinie ist also eine Ellipse, deren Brennpunkte F und F_1 sind.

Bemerkung. Betrachtet man die Zylinderfläche als den besonderen Fall der Kegelfläche, wo der Scheitel im Unendlichen liegt, so folgt aus dem eben bewiesenen Lehrsatz sofort, daß auch der Schnitt einer Ebene und einer Kreiszylinderfläche eine Ellipse sein muß.

5. Die Parabel, ein Grenzfall der Ellipse und Hyperbel. Eine Ebene schneide eine Kreiskegelfläche mit dem Scheitel S so, daß alle Seitengeraden getroffen werden, also eine Ellipse entsteht. Der S zunächst liegende Scheitel der Ellipse sei A, der andere A_1. Denkt man sich nun die schneidende Ebene so bewegt, daß sie stets durch den Punkt A geht, aber ihr Schnittpunkt mit der Seitengeraden, auf welcher der zweite Scheitel der Ellipse A_1 liegt, sich immer weiter von S entfernt, so wird die Achse der entsprechenden Ellipse immer größer, und damit entfernt sich auch der Mittelpunkt der Ellipse immer weiter von A. Setzt man diese Drehung so lange fort, bis A_1 in das Unendliche fällt, so wird die schneidende Ebene der Seitengeraden des Kegels, auf der A_1 liegt, parallel. Dann ist aber nach 4. die Schnittfigur eine Parabel. Die Parabel kann demnach angesehen werden als eine Ellipse, deren einer Scheitel im Unendlichen liegt. Liegt aber der eine Scheitel im Unendlichen, so muß auch der Mittelpunkt der Ellipse im Unendlichen liegen, d. h. die von den im Endlichen liegenden Ellipsenpunkten gezogenen Durchmesser müssen sämtlich der Achse der Ellipse parallel sein. Dies ist der Grund, weshalb man bei einer Parabel jede Parallele zur Achse einen Durchmesser der Parabel nennt.

Würde man die schneidende Ebene in demselben Sinne nun noch weiterdrehen, so würde ihr Schnitt mit der Kegelfläche eine Hyperbel werden. Die Parabel kann also auch als Grenzfall der Hyperbel aufgefaßt werden.

6. Bemerkung. Nicht immer braucht der Schnitt einer Ebene und einer Kegelfläche eine Ellipse, Parabel oder Hyperbel zu sein. Verschiebt man eine Ebene, welche die Kegelfläche in einer Ellipse schneidet, parallel zu ihrer ursprünglichen Lage, bis sie durch den Scheitel der Kegelfläche geht, so ist der Schnitt ein Punkt. Bewegt man in derselben Weise eine Ebene, die die Kegelfläche in einer Parabel schneidet, bis sie durch den Scheitel hindurchgeht, so berührt die Ebene die Kegelfläche in einer Geraden. Endlich muß, wenn man eine eine Hyperbel bildende Ebene parallel zu ihrer ursprünglichen Lage bis zum Scheitel der Kegelfläche verschiebt, der Schnitt der Ebene mit der Kegelfläche ein Paar sich im Scheitel schneidender Geraden sein.

§ 36. Die Kegelschnitte als Zentralprojektionen des Kreises.

1. Erklärungen und Lehrsätze aus der Planimetrie. In § 3, 2 ist von der inneren und äußeren Teilung einer Strecke gesprochen. Ist eine Strecke AB (Fig. 50) innerlich durch einen Punkt X und gleichzeitig äußerlich durch einen Punkt Y nach demselben Verhältnis geteilt, so sagt man, die Strecke sei **harmonisch geteilt**. Die Punkte A, X, B, Y heißen **harmonische Punkte**. Die End-

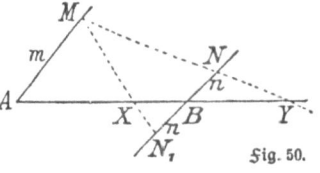

Fig. 50.

punkte der geteilten Strecke A und B, ebenso die beiden Teilpunkte X und Y nennt man **zugeordnete oder konjugierte harmonische Punkte**. Zu drei gegebenen Punkten A, X und B konstruiert man den vierten harmonischen Punkt, indem man durch A und B zwei beliebige parallele Linien zieht und dann durch X eine Gerade, die die Parallelen in M und N_1 schneiden möge. Hierauf trägt man die eine der so auf den Parallelen erhaltenen Strecken, in der Figur BN_1, auf der Parallelen noch einmal nach der entgegengesetzten Seite ab bis N und zieht die Gerade MN. Der Schnittpunkt dieser Geraden mit der Verlängerung von AB ist der gesuchte vierte harmonische Punkt Y.

Aus der soeben geschilderten Konstruktion des vierten Punktes erkennt man an der Figur sofort, daß mit der Lage von X sich auch die Lage von Y ändern muß, und zwar so, daß bei einer Annäherung von X an B auch Y näher an B herankommen muß, und daß entsprechend bei Entfernung des Punktes X von B auch Y sich von B entfernt. Fällt X in den Mittelpunkt der Strecke AB, so ist $BN_1 = AM$ und Y liegt in der Unendlichkeit, da MN parallel AB wird. Hieraus kann man umgekehrt schließen: Liegt der eine von vier harmonischen Punkten in der Unendlichkeit, so halbiert der ihm zugeordnete Punkt die Strecke zwischen den beiden anderen zugeordneten Punkten.

Zieht man durch einen Punkt S die Geraden durch vier harmonische Punkte, so entsteht ein harmonisches Büschel. Die Geraden heißen die Strahlen des Büschels. Für das harmonische Büschel gilt der bemerkenswerte

Lehrsatz 1. (Der Satz des Pappus.) Jede Gerade, die ein harmonisches Büschel schneidet, wird von den Strahlen des Büschels in vier harmonischen Punkten geschnitten.

Auch beim Kreise finden sich harmonische Punkte. Hierüber gibt Auskunft der

Lehrsatz 2. Zieht man vom Schnittpunkt zweier Kreistangenten eine Gerade durch den Mittelpunkt des Kreises, so wird der durch die Gerade bestimmte Durchmesser durch den Schnittpunkt der Tangenten und den Punkt, in welchem er von der Berührungssehne der Tangenten geschnitten wird, harmonisch geteilt.

Für den Kreis gilt auch die von Pascal entdeckte Eigenschaft des Sehnensechsecks, daß die Schnittpunkte je zweier Gegenseiten in einer Geraden liegen. In allgemeinerer Fassung lautet der

Lehrsatz 3. (Der Satz des Pascal.) Liegen auf einem Kreise in beliebiger Folge sechs Punkte P_1, P_2, P_3, P_4, P_5, P_6, und man zieht den gebrochenen und geschlossenen Linienzug $P_1P_2P_3P_4P_5P_6P_1$, so liegen die Schnittpunkte von je zwei Verbindungsstrecken, die durch zwei andere voneinander getrennt sind, in einer Geraden.

Die genannte Gerade heißt die Pascalsche Gerade.

2. Die Zentralprojektion. Zieht man von einem Punkt S des Raumes nach sämtlichen Punkten einer ebenen Figur gerade Linien, so bildet die Gesamtheit dieser Linien eine Kegelfläche. Schneidet man diese Kegelfläche durch eine Ebene, so wird auf dieser durch die Seiten der Kegelfläche eine Figur gebildet, die man die Zentralprojektion oder das zentralprojektivische Bild der ebenen Figur nennt.

Im allgemeinen ist die Zentralprojektion von der ebenen Figur, die sie abbildet, recht verschieden. Sie wird nur der abgebildeten Figur ähnlich, wenn die schneidende Ebene der Ebene, in welcher die Figur liegt, parallel ist. Die Übereinstimmung zwischen der Zentralprojektion und dem Objekt (der gegebenen Figur) besteht hauptsächlich im folgenden.

a) Jedem Punkte des Objekts entspricht eindeutig ein Punkt in der Zentralprojektion.

b) Jeder Geraden des Objekts entspricht eindeutig eine Gerade in der Zentralprojektion.

3. Die Kegelschnitte als Zentralprojektionen des Kreises. Nach der soeben gegebenen Erklärung der Zentralprojektion bietet es keine Schwierigkeit, zu erkennen, daß man die Kegelschnitte als Zentralprojektionen eines Kreises betrachten kann. Diese Auffassung gewährt dadurch einen Vorteil, daß alle Eigenschaften des Kreises, die bei der Zentralprojektion nicht verlorengehen, ohne weiteres auch als Eigenschaften der drei Kegelschnitte angesehen werden können. Zu diesen Eigenschaften gehören zunächst die harmonischen Beziehungen, die nach dem Satz des Pappus (1, Lehrs. 1) auch in den Projektionen bestehen bleiben müssen. Es muß demnach bei jedem Kegelschnitt der Durchmesser nach dem Schnittpunkt zweier Tangenten durch diesen Punkt und den Schnittpunkt mit der Berührungssehne harmonisch geteilt werden, weil dies für den Kreis gilt nach 1, Lehrsatz 2. Man erkennt hieraus sofort mit Rücksicht auf das, was in 1. über die gegenseitige Lage harmonischer Punkte gesagt wurde, daß bei einer Parabel die Subtangente gleich der doppelten Abszisse des Berührungspunktes der Tangenten sein muß (§ 18, 3, Lehrsatz 1), denn der eine Endpunkt des Parabeldurchmessers fällt in das Unendliche.

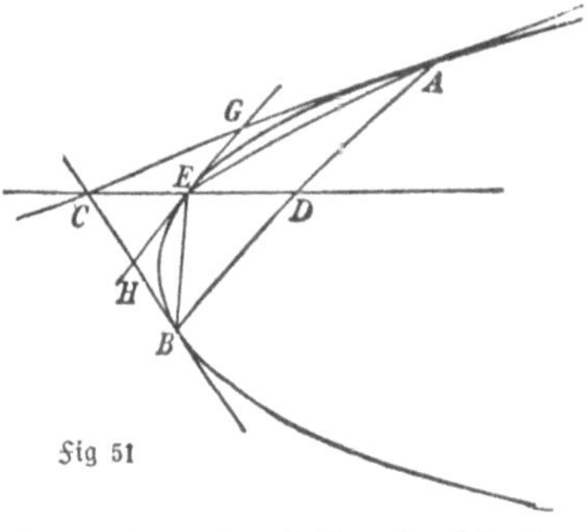

Weiter kann man auch den für den Kreis geltenden Pascalschen Lehrsatz auf die Kegelschnitte übertragen, denn die Pascalsche Gerade muß auch in den Zentralprojektionen wieder als eine Gerade erscheinen. Eine Anwendung des Pascalschen Satzes auf die Kegelschnitte wird weiter unten gegeben werden.

Fig 51

4. Der Inhalt eines Parabelsegments. Ein Parabelsegment ist die Fläche, welche von einer Parabelsehne und dem durch sie abgeschnittenen Parabelbogen begrenzt ist. Sind $A\,(x_1, y_1)$ und $B\,(x_2, y_2)$ (Fig. 51) die Endpunkte der Sehne, und ist die Gleichung der Parabel $y^2 = 2px$, so heißen die Gleichungen der Tangenten in den Endpunkten der Sehne $yy_1 = p(x + x_1)$ und $yy_2 = p(x + x_2)$. Subtrahiert man diese Gleichungen voneinander, so findet man für die Ordinate des Schnittpunktes C der beiden Tangenten $y = \dfrac{p(x_1 - x_2)}{y_1 - y_2}$. Es ist nun aber, da A und B Punkte der Parabel sind, $y_1^2 = 2px_1$ und $y_2^2 = 2px_2$. Hieraus erhält man durch Subtraktion $(y_1 - y_2) \cdot (y_1 + y_2) = 2p(x_1 - x_2)$. Aus dieser Gleichung findet man, daß der soeben für die Ordinate des Schnittpunktes der Tangenten ermittelte Wert gleich $\dfrac{1}{2}(y_1 + y_2)$ sein muß. Nun ist aber $\dfrac{1}{2}(y_1 + y_2)$ nach § 3, 1 auch die Ordinate des Mittelpunktes D der Sehne AB. Es müssen daher die beiden Tangenten in den Endpunkten der Sehne sich auf dem Durchmesser schneiden, der die Sehne halbiert. Bezeichnet E den Schnittpunkt dieses Durchmessers mit der Parabel, so folgt, da C, E, D und der unendlich ferne zweite Endpunkt des Durchmessers nach 3. harmonische Punkte sind, daß $CE = ED$ sein muß. Mit Hilfe dieser Tatsache läßt sich der Inhalt des durch AB abgeschnittenen Parabelsegments bestimmen.

Man lege in E die Tangente an die Parabel und bezeichne ihre Schnittpunkte mit den ersten Tangenten mit G und H. Es ist dann GH parallel AB (§ 20, 4. Lehrsatz), und daher, weil E der Mittelpunkt von CD ist, $AB = 2GH$. Verbindet man nun E mit A und B durch Gerade, so ist $\triangle AEB = 2 \triangle GCH$, d. h. der Inhalt des dem Parabelsegment einbeschriebenen Dreiecks ist doppelt so groß wie der Inhalt des dem Segment anbeschriebenen Dreiecks. Die beiden zuletzt gezogenen Sehnen EA und EB schneiden von der Parabel zwei neue Segmente ab, für die in derselben Weise wie oben die eben gefundene Tatsache sich beweisen läßt. Es entstehen hierbei vier neue Segmente. Behandelt man diese Segmente wieder wie die vorigen und fährt in dieser Weise beliebig lange fort, so nähert sich die Summe der Inhalte aller einbeschriebenen Dreiecke immer mehr dem Inhalte des ersten Segments, und die Summe der Inhalte aller anbeschriebenen Dreiecke dem Inhalte der Figur, die man erhält, wenn man das Segment von dem Dreieck ABC fortnimmt. Es muß daher, wenn man den Inhalt des Segments mit F und den Inhalt des Dreiecks mit $\varDelta$ bezeichnet, die Gleichung bestehen $F = 2(\varDelta - F)$ oder $F = \dfrac{2}{3}\varDelta$. Dies ergibt den

Lehrsatz. Der Inhalt eines Parabelsegments ist gleich zwei Dritteln vom Inhalt des Dreiecks, das durch die das Segment abschneidende Sehne und die Tangenten in ihren Endpunkten gebildet wird.

Folgerung. Der Inhalt des Parabelsegments von der Höhe h, das durch eine zur Achse senkrechte Sehne von der Länge g abgeschnitten wird, ist $\frac{2}{3} gh$.

Aufgabe 1. Von der Parabel $y^2 = 8x$ ist durch die Gerade $2y + x + 6 = 0$ ein Segment abgeschnitten. Den Inhalt des Segments zu berechnen. $F = 10\frac{2}{3}$.

Aufgabe 2. Es sollen die Inhalte der beiden Flächenstücke berechnet werden, in welche der Kreis $x^2 + y^2 = 225$ durch die Parabel $y^2 = 16x$ geteilt wird. 244,64 und 462,21 Flächeneinheiten.

Aufgabe 3. Den Inhalt des von den beiden Parabeln $y^2 = 50x$ und $y^2 = 60 (x-3)$ rings begrenzten Flächenstücks zu berechnen. $F = 120$.

5. Konstruktion eines Kegelschnitts durch fünf Punkte.

Aufgabe. Den Kegelschnitt zu zeichnen, der durch fünf gegebene Punkte hindurchgeht.

Lösung (Fig. 52). Man löst die Aufgabe mit Benutzung des auch für die Kegelschnitte geltenden Pascalschen Lehrsatzes. Die Punkte P_1, P_2, P_3, P_4, P_5 seien die gegebenen Punkte. Hätte man noch einen sechsten Punkt P_6 des Kegelschnitts, so könnte man auf die sechs Punkte den Satz des Pascal anwenden. Von den hierzu nötigen Verbindungslinien kann man die Linien P_1P_2 und P_4P_5 ziehen, ohne den sechsten Punkt zu kennen. Durch den Schnittpunkt X beider Linien muß auf jeden Fall die Pascalsche Gerade hindurchgehen, wo auch der sechste Punkt liegen mag. Jedem Punkt P_6 entspricht aber eine ganz bestimmte Pascalsche Gerade, und umgekehrt gehört zu jeder Geraden durch X ein ganz bestimmter Punkt P_6. Auf Grund dieser Überlegungen wird die Lösung der Aufgabe ausgeführt.

Man zieht die Geraden P_1P_2 und P_4P_5, welche sich in X schneiden mögen. Hierauf zieht man durch X eine beliebige Gerade. Zieht man nun die Gerade P_2P_3, welche die beliebige Gerade in Y schneidet, so muß durch Y auch die Verbindungslinie der Punkte P_5 und P_6 gehen. P_5Y ist also ein geometrischer Ort für P_6. Zieht man weiter die Gerade P_3P_4, welche die durch X gelegte beliebige Gerade in Z schneidet, so muß durch Z auch die Verbindungslinie der Punkte P_1 und P_6 gehen. P_1Z ist also ein zweiter geometrischer Ort für P_6. Es ist daher der Schnittpunkt der Geraden P_5Y und P_1Z ein sechster Punkt P_6 des gesuchten Kegelschnitts.

Legt man durch X eine andere Gerade, so kann man mit Hilfe dieser Geraden einen neuen Punkt des Kegelschnitts konstruieren. In dieser Weise ist es möglich, beliebig viel Punkte des gesuchten Kegelschnitts zu ermitteln.

Bemerkung. Da die fünf Punkte ganz beliebig gegeben sein dürfen, so ist es möglich, daß man bei Ausführung der eben angegebenen Konstruktion auch eine Gerade, zwei sich schneidende oder zwei parallele Gerade erhält (vgl. § 35, 6).

§ 37. Die Scheitelgleichungen der Kegelschnitte.

1. Bemerkung. Die nahe Verwandtschaft zwischen der Parabel, Ellipse und Hyperbel, die sich in den vorhergehenden Paragraphen ergab, tritt in den früher gefundenen Gleichungen der drei Kurven nicht deutlich hervor. Zwar lassen die Gleichungen der Ellipse und der Hyperbel eine Verwandtschaft vermuten, aber die Gleichung der Parabel unterscheidet sich in ihrer Gestalt wesentlich von den Gleichungen der beiden anderen Kurven. Bedenkt man nun aber, daß die Gleichung der Parabel für ein Koordinatensystem hergeleitet ist, dessen Anfangspunkt im Scheitel der Parabel liegt, daß dagegen die Gleichungen der Ellipse und Hyperbel für ein System gelten, das seinen Anfangspunkt im Mittelpunkt der Kurven hat, so wird man darin den Grund für die Verschiedenheit der Gleichungen vermuten. Man wird daher die Gleichungen für alle drei Kurven für ein System aufzustellen versuchen, dessen Anfangspunkt in bezug auf alle drei dieselbe Lage hat. Da für die Parabel eine Mittelpunktsgleichung nicht aufgestellt werden kann, so wird man für Ellipse und Hyperbel ebenfalls Scheitelgleichungen aufstellen. Bevor dies ausgeführt wird, sei noch eine kurze Erklärung vorausgeschickt.

2. Der Parameter der Kegelschnitte. Die Sehne, welche auf der Achse eines Kegelschnitts in einem der Brennpunkte senkrecht steht, nennt man den Parameter (Beimesser) der Kurve. Man bezeichnet

§ 37. Scheitelgleichungen der Kegelschnitte

den Parameter durch $2p$, so daß p der Halbparameter genannt werden muß. Bei der Parabel ist schon gleich im Anfang (§ 16, 3) diese Bezeichnung angewendet, denn die Entfernung des Brennpunktes von der Leitlinie ist gleich der Ordinate im Brennpunkt nach der Erklärung der Parabel. Es soll nun für die Ellipse und Hyperbel die Größe des Halbparameters p bestimmt werden. Man findet sie leicht, wenn man bedenkt, daß die Ordinate im Brennpunkt gleich p ist. Da ferner für den Brennpunkt die Abszisse gleich e ist, so erhält man bei der Ellipse die Gleichung $b^2e^2 + a^2p^2 = a^2b^2$ oder $a^2p^2 = b^2(a^2 - e^2)$. Nun ist $a^2 - e^2 = b^2$, also ist $a^2p^2 = b^4$. Hieraus findet man $\boldsymbol{p = \dfrac{b^2}{a}}$. Denselben Wert findet man in ähnlicher Weise für die Hyperbel. Dort ist $b^2e^2 - a^2p^2 = a^2b^2$, also $a^2p^2 = b^2(e^2 - a^2)$, woraus sich, wenn man $e^2 - a^2 = b^2$ setzt, wieder der obige Wert für p ergibt.

3. Die Scheitelgleichungen der Ellipse und Hyperbel. Verschiebt man das rechtwinklige Koordinatensystem, dessen Anfangspunkt im Mittelpunkt der Ellipse liegt, parallel zu seiner ursprünglichen Lage nach dem auf der negativen Seite der Abszissenachse liegenden Scheitel der Ellipse, so ist in dieser neuen Lage des Systems der Mittelpunkt der Ellipse der Punkt $(a, 0)$. Man erhält daher mit Benutzung der allgemeinen Gleichung der Ellipse (§ 23, 3) als Gleichung der Ellipse für den Fall, daß der Anfangspunkt des Koordinatensystems im Scheitel der Ellipse liegt, $\dfrac{(x-a)^2}{a^2} + \dfrac{y^2}{b^2} = 1$. Hieraus folgt nach einigen Umformungen $y^2 = \dfrac{2b^2}{a}x - \dfrac{b^2}{a^2}x^2$. Ersetzt man in dieser Gleichung $\dfrac{b^2}{a}$ durch den Halbparameter p nach 2., so findet man als

Scheitelgleichung der Ellipse
$$y^2 = 2\,p\,x - \frac{p}{a}x^2.$$

Verlegt man bei der Hyperbel den Anfangspunkt des Koordinatensystems nach dem Scheitel des Hyperbelzweiges, der die positive Richtung der Abszissenachse durchschneidet, so ist in diesem neuen System der Mittelpunkt der Hyperbel der Punkt $(-a, 0)$. Mit Hilfe der allgemeinen Hyperbelgleichung findet man daher für die Hyperbel die Gleichung $\dfrac{(x+a)^2}{a^2} - \dfrac{y^2}{b^2} = 1$. Aus dieser Gleichung erhält man ähnlich wie oben als **Scheitelgleichung der Hyperbel**
$$y^2 = 2\,p\,x + \frac{p}{a}x^2.$$

Die gefundenen Scheitelgleichungen lehren durch ihre Ähnlichkeit mit der Gleichung der Parabel, daß tatsächlich die im Anfange dieses Paragraphen hervorgehobene Verschiedenheit der Gleichungen lediglich durch die Lage des Anfangspunktes des Koordinatensystems bedingt war.

4. Folgerungen aus den Scheitelgleichungen. Die Scheitelgleichung der Parabel sagt, daß das Quadrat der Ordinate eines jeden Parabelpunktes gleich dem Rechteck aus dem Parameter $2p$ und der Abszisse dieses Punktes ist. Aus den Scheitelgleichungen der Ellipse und Hyperbel erkennt man, daß das Quadrat der Ordinate bei der Ellipse **kleiner**, bei der Hyperbel **größer** ist als das genannte Produkt. Diesem Umstande verdanken die drei Kurven ihre Namen. Die Bezeichnungen Parabel, Ellipse und Hyperbel sind hergenommen von griechischen Verben, von welchen das erste von den Mathematikern gebraucht wurde für das Antragen einer Fläche von gleichem Inhalt mit einer gegebenen Fläche. Die beiden anderen Verben bedeuten „mangeln" bzw. „übertreffen".

Weiter erkennt man aus den Scheitelgleichungen, daß die Parabel sowohl als Grenzfall der Ellipse wie als Grenzfall der Hyperbel aufgefaßt werden kann (vgl. § 35, 5). Läßt man nämlich a unendlich groß werden, während p konstant bleibt, so verschwindet in den Scheitelgleichungen der beiden zuletzt genannten Kurven der zweite Summand der rechten Seite, und die Gleichungen verwandeln sich in die Gleichung der Parabel. Es erklärt sich hier noch einmal, was schon früher (§ 35, 5) gesagt wurde, daß in dem Falle, wo eine Ellipse sich dadurch in eine Parabel verwandelt, daß a unendlich groß wird, also der Mittelpunkt der Ellipse in die Unendlichkeit rückt, alle Durchmesser, da sie nach dem unendlich fernen auf der großen Achse liegenden Mittelpunkt führen, dieser Achse parallel werden müssen.

§ 38. Die Polargleichung der Kegelschnitte.

1. Bemerkung. Teilen zwei Punkte den Durchmesser eines Kegelschnitts harmonisch, und man errichtet in dem einen dieser Teilpunkte die Senkrechte auf dem Durchmesser, so nennt man diese Senkrechte **die Polare** des Kegelschnitts für den anderen Teilpunkt.

Nach der gegebenen Erklärung erkennt man, daß die Leitlinie einer Parabel die Polare des Brennpunktes ist. Da nun die Parabel der geometrische Ort aller Punkte ist, deren Entfernungen

§ 38. Polargleichung der Kegelschnitte

von dem Brennpunkt und seiner Polare einander gleich sind, so entsteht die Frage, ob nicht auch Ellipse und Hyperbel aufgefaßt werden können als geometrischer Ort aller Punkte, deren Entfernungen von einem ihrer Brennpunkte und der zu diesem Brennpunkt gehörenden Polare in einem bestimmten Verhältnis zueinander stehen. Zur Beantwortung dieser Frage muß man zunächst die Lage der Polare zum Brennpunkt bei beiden Kurven ermitteln, d. h., man muß feststellen, in welchem Punkt die Polare die Hauptachse schneidet. Es soll dies zunächst bei der Ellipse für die Polare des auf der negativen Seite der Achse liegenden Brennpunktes geschehen.

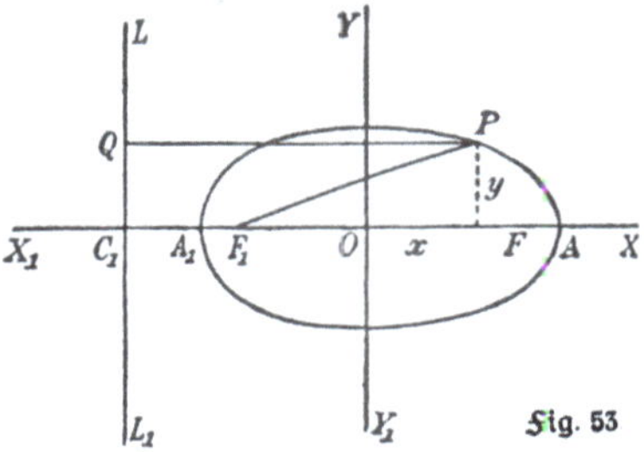

2. Die Polare des Brennpunktes einer Ellipse. Der Punkt, in welchem die Polare des Brennpunktes F_1 (Fig. 53) die Hauptachse der Ellipse schneidet, sei C_1, und x_1 die Abszisse von C_1 für den Punkt O als Koordinatenanfangspunkt. Es muß dann die Gleichung bestehen

$$\frac{C_1 A}{C_1 A_1} = \frac{F_1 A}{F_1 A_1} \text{ oder } \frac{x_1 + a}{x_1 - a} = \frac{a + e}{a - e}.$$

Aus dieser Gleichung findet man $x_1 = \frac{a^2}{e}$. Die Polare ist also vom Mittelpunkt der Ellipse um die Strecke $\frac{a^2}{e}$ entfernt. Nun nimmt man auf der Ellipse einen beliebigen Punkt $P(x, y)$ an, verbindet ihn mit F_1 und fällt von ihm die Senkrechte PQ auf die Polare. Es ist dann $PQ = \frac{a^2}{e} + x$ und nach § 26, 1 $PF_1 = a + \varepsilon x = \varepsilon \left(\frac{a^2}{e} + x \right)$. Hieraus folgt durch Division $\frac{PF_1}{PQ} = \varepsilon$. Dies für den beliebigen Punkt P gefundene Ergebnis gilt für alle Punkte. In der Tat läßt sich also auch für die Ellipse feststellen, daß für jeden ihrer Punkte das Verhältnis der Entfernungen von einem Brennpunkt und seiner Polare einen konstanten Wert besitzt. Dieser Wert ist gleich ε, der numerischen Exzentrizität der Ellipse, und daher kleiner als Eins.

Die Polare LL_1 nennt man auch die **Leitlinie der Ellipse** für den Brennpunkt F_1. Auch für den zweiten Brennpunkt F besitzt die Ellipse eine Leitlinie. Diese liegt rechts von der Ellipse und ist ebensoweit wie LL_1 vom Mittelpunkt der Ellipse entfernt.

Fig. 53

IX. Parabel, Ellipse und Hyperbel

3. Die Polare des Brennpunktes einer Hyperbel (Fig. 54). Auf der Hauptachse AA_1 einer Hyperbel nehme man den Punkt C an, der mit dem Brennpunkt F die Hauptachse harmonisch teilt. Dieser Punkt muß auf AA_1, und zwar zwischen O und A liegen, seine Entfernung

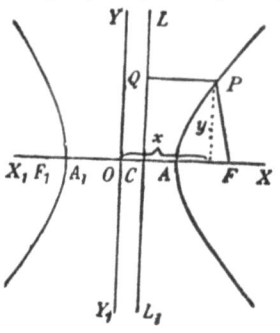

Fig. 54.

von O sei x_1. Es besteht dann die Gleichung $\dfrac{CA_1}{CA} = \dfrac{FA_1}{FA}$ oder $\dfrac{a + x_1}{a - x_1} = \dfrac{e + a}{e - a}$. Aus der letzten Gleichung folgt $x_1 = \dfrac{a^2}{e}$. Nun nehme man auf der Hyperbel einen beliebigen Punkt $P(x, y)$ an, fälle von diesem das Lot PQ auf LL_1 und ziehe die Gerade PF. Es ist dann $PQ = x - \dfrac{a^2}{e}$ und $PF = \varepsilon x - a = \varepsilon \left(x - \dfrac{a^2}{e}\right)$. Aus den beiden letzten Gleichungen folgt durch Division für den beliebigen Punkt P, daß $\dfrac{PF}{PQ} = \varepsilon$ ist. Alle

Punkte der Hyperbel liegen also so, daß das Verhältnis ihrer Entfernungen von einem Brennpunkt und seiner Polare einen konstanten Wert besitzt. Dieser Wert ist gleich ε, der numerischen Exzentrizität der Hyperbel, und daher größer als Eins.

Die Polare LL_1 nennt man auch die **Leitlinie der Hyperbel** für den Brennpunkt F. Auch für den zweiten Brennpunkt F_1 besitzt die Hyperbel eine Leitlinie. Diese liegt zwischen A_1 und O und ist ebensoweit wie LL_1 vom Mittelpunkt der Hyperbel entfernt.

4. Die Polargleichung der Kegelschnitte. Nach den soeben gefundenen Ergebnissen erkennt man mit Rücksicht auf die § 16, 1 gegebene Erklärung der Parabel die für alle Kegelschnitte geltende

Erklärung. Der geometrische Ort aller Punkte, deren Entfernungen von einem festen Punkt und einer festen Geraden ein konstantes Verhältnis ε haben, ist ein Kegelschnitt. Dieser Kegelschnitt ist eine Ellipse, wenn $\varepsilon < 1$ ist, er ist eine Parabel, wenn $\varepsilon = 1$ ist, und eine Hyperbel, wenn $\varepsilon > 1$ ist.

Diese Erklärung der Kegelschnitte macht es nun möglich, für alle Kegelschnitte eine gemeinsame Gleichung aufzustellen. Man benutzt dazu ein Polarkoordinatensystem (§ 33), in welchem der feste Punkt F

§ 38. Polargleichung der Kegelschnitte

der Pol ist und die von F auf die feste Gerade gefällte Senkrechte die Achse.

Ist P (Fig. 55) ein beliebiger Punkt des Kegelschnitts, und man verbindet ihn mit F durch eine Gerade und fällt von P auf die feste Gerade LL_1 das Lot PQ, dann ist $\frac{PF}{PQ} = \varepsilon$.

Nun ist aber $PF = r$ und $PQ = AF + FR = d + r \cos \varphi$, wenn d den Abstand des Punktes F von LL_1 bezeichnet. Setzt man diese Werte in die obige Gleichung ein, so findet man $\frac{r}{d + r \cdot \cos \varphi} = \varepsilon$. Hieraus ergibt sich $r = \frac{d \varepsilon}{1 - \varepsilon \cos \varphi}$. Wird in der zuletzt erhaltenen Gleichung $\varphi = 90°$, und man bezeichnet den zu diesem Wert von φ gehörenden Radiusvektor, der nach § 37, 2 gleich dem Halbparameter der Kurve ist, durch p, so erhält man die Gleichung $p = d \varepsilon$. Führt man in der zuletzt erhaltenen Gleichung für $d \varepsilon$ den Wert p ein, so findet man

die Polargleichung der Kegelschnitte

$$r = \frac{p}{1 - \varepsilon \cos \varphi}.$$

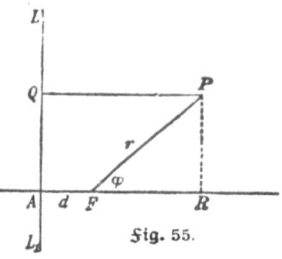

Fig. 55.

Diese Gleichung stellt eine Ellipse, eine Parabel oder eine Hyperbel dar, je nachdem $\varepsilon < 1$, $\varepsilon = 1$ oder $\varepsilon > 1$ ist.

Von Geh. Studienrat Prof. P. Crantz sind ferner erschienen:

Arithmetik und Algebra zum Selbstunterricht. I. Teil: Die Rechnungsarten. Gleichungen 1. Grades mit einer und mehreren Unbekannten. Gleichungen 2. Grades. 8. Aufl. Mit 9 Fig. IV u. 116 S.] 8. 1923. (ANuG Bd. 120.) II. Teil: Gleichungen. Arithmetische und geometrische Reihen. Zinseszins- und Rentenrechnung. Komplexe Zahlen. Binomischer Lehrsatz. 6. Aufl. Mit 21 Textfiguren [IV u. 111 S.] 8. 1922. (ANuG Bd. 205.) Geb. je RM 2.—

Planimetrie zum Selbstunterricht. Mit 94 Fig. 3. Aufl. [IV u. 117 S.] 8. 1921. (ANuG Bd. 340.) Geb. RM 2.—.

Ebene Trigonometrie zum Selbstunterricht. 4. Aufl. Mit 50 Fig. im Text. [IV u. 98 S.] 8. 1926. (ANuG Bd. 431.) Geb. RM 2.—.

Sphärische Trigonometrie zum Selbstunterricht. Mit 27 Fig. im Text. [98 S.] 8. 1920. (ANuG Bd. 605.) Geb. RM 2.—

Die Elemente der analytischen Geometrie. Mit zahlreichen Übungsbeispielen. I. Teil: Die analytische Geometrie der Ebene. Von Dr. *H. Ganter*, weil. Prof. an der Kantonsschule in Aarau, und Dr. *F. Rudio*, Prof. am Polytechnikum in Zürich. Mit 53 Fig. 9., unveränd. Aufl. [VIII u. 191 S.] gr. 8. 1920. Geb. RM 3.— II. Teil: Die analytische Geometrie des Raumes. Von Dr. *F. Rudio*. Mit 20 Fig. 6., unveränd. Aufl. [VI u. 206 S.] gr. 8. 1920. Geb. RM 4.—.

Analytische Geometrie. Von Geh. Hofrat Prof. Dr. *R. Fricke*. 2. Aufl. Mit 96 Fig. [VI u. 135 S.] 8. 1922. (TL 1.) Kart. RM 3.60.

Die hier gebotene Darstellung der Elemente der „Analytischen Geometrie" ist zwar aus Vorlesungen, die an einer Technischen Hochschule gehalten sind, hervorgegangen, doch dürfte das Büchlein auch neben Vorlesungen an anderen Universitätsanstalten sowie zum Selbstunterricht brauchbar sein.

Methoden zur Lösung geometrischer Aufgaben. Von *B. Kerst*, Studienrat am Realgymnasium in Zwickau. Mit 46 Fig. u. 136 Aufgaben. 2. Aufl. [IV u. 47 S.] 8. 1925. (MPhB 26.) Kart. RM 1.20.

Ein Büchlein, das neue Mittel zur einfachen Lösung sonst komplizierter geometrischer Probleme darbietet.

Geometrisches Zeichnen. Von *A. Schudeisky*, akad. Zeichenlehrer in Gleiwitz. Mit 172 Abb. im Text u. auf 12 Taf. [99 S.] 8. 1919. (ANuG Bd. 568.) Geb. RM 2.—.

Bietet zuverlässige Belehrung über die wichtigsten geometrischen Konstruktionen, deren Anwendung und die zeichnerische Darstellung flächenhafter Gebilde in verschiedenen Maßstäben.

Projektionslehre. Die rechtwinkl. Parallelprojektion und ihre Anwendung auf die Darstellung techn. Gebilde nebst einem Anhang über die schiefwinkl. Parallelprojektion in kurzer, leichtfaßlicher Darstellung für Selbstunterricht u. Schulgebrauch. Von *A. Schudeisky*, akad. Zeichenlehrer in Gleiwitz. 2. Aufl. Mit 165 Fig. [90 S.] 8. 1923. (ANuG Bd. 564.) Geb. RM 2.—.

„Vom Leichten zum Schweren übergehend, baut sich der gewiß nicht einfache Stoff leicht und sicher auf; durch eine Reihe von Aufgaben und eine Anleitung zu deren Lösung wird der Lerneifer wesentlich gefördert. Zudem erleichtert der klare Text das Studium außerordentlich." **(Der Profanbau.)**

Verlag von B. G. Teubner in Leipzig und Berlin

Mathematisch-Physikalische Bibliothek

Unter Mitwirkung von Fachgenossen herausgegeben von

Oberstud.-Dir. Dr. W. Lietzmann und **Oberstudienrat Dr. A. Witting**

Fast alle Bändchen enthalten zahlr. Figuren. kl. 8. Jedes Bändchen kart. RM 1.20, Doppelbändchen RM 2.40. / Bisher sind u. a. erschienen (1912/26):

Der Gegenstand der Mathematik i. Lichte ihrer Entwicklung. Von H. Wieleitner. (Bd. 50.)
Beispiele zur Geschichte d. Mathematik. Von A. Witting u. M. Gebhardt. 2. Aufl. (Bd. 15.)
Ziffern und Ziffernsysteme. Von E. Löffler. 2., neubearb. Aufl. I: Die Zahlzeichen der alten Kulturvölker. II. Die Zahlzeichen im Mittelalter und in der Neuzeit. (Bd. 1 u. 34.)
Der Begriff der Zahl in seiner logischen und historischen Entwicklung. Von H. Wieleitner. 2., durchgesehene. Aufl. (Bd. 2.)
Wie man einstens rechnete. Von E. Fettweis. (Bd. 49.)
Archimedes. Von A. Czwalina. (Bd. 64.)
Die 7 Rechnungsarten mit allgemeinen Zahlen. Von H. Wieleitner. 2. Aufl. (Bd. 7.)
Abgekürzte Rechnung. V. A. Witting. (Bd. 47)
Wahrscheinlichkeitsrechnung. V. O. Meißner. 2. Aufl. I: Grundlehr. II: Anwend. (Bd. 4 und 33.)
Die Determinanten. Von L. Peters. (Bd. 65.)
Mengenlehre. Von K. Grelling. (Bd. 58.)
Einführung in die Infinitesimalrechnung. Von A. Witting. 2. Aufl. I: Die Differential-, II: Die Integralrechnung. (Bd. 9 u. 41.)
Gewöhnliche Differentialgleichungen. Von K. Fladt. (Bd. 72.)
Unendliche Reihen. Von K. Fladt. (Bd. 61.)
Kreisevolventen und ganze algebraische Funktionen. Von H. Önnen. (Bd. 51.)
Vektoranalysis. Von L. Peters. (Bd. 57.)
Ebene Geometrie. Von B. Kerst. (Bd. 10.)
Der pythagoreische Lehrsatz mit einem Ausblick a. d. Fermatsche Problem. Von W. Lietzmann. 3. Aufl. (Bd. 3.)
Der Goldene Schnitt. Von H. E. Timerding. 2. Aufl. (Bd. 32.)
Einführung in die Trigonometrie. Von A. Witting. (Bd. 43.)
Sphärische Trigonometrie. Kugelgeometrie in konstruktiver Behandlung. Von L. Balser. (Bd. 69.)
Methoden zur Lösung geometr. Aufgaben. Von B. Kerst. 2. Aufl. (Bd. 26.)
Nichteuklidische Geometrie in der Kugelebene. Von W. Dieck. (Bd. 31.)
Einführung in die darstellende Geometrie. Von W. Kramer. I. Teil: Senkr.-Projekt. auf eine Tafel. II. Teil: Grund- u. Aufrißverfahren. Allgem. Parallelprojekt. Perspekt. [II in Vorb. 1926.] (Nr. 66/67.)
Darstellende Geometrie d. Geländes u. verw. Anwend. d. Methode d. kotiert. Projektionen. Von R. Rothe. 2., verb. Aufl. (Bd. 35/36.)
Konstruktionen in begrenzter Ebene. Von P. Zühlke. (Bd. 11.)
Einführung in die projektive Geometrie. Von M. Zacharias. 2. Aufl. (Bd. 6.)
Funktionen, Schaubilder, Funktionstafeln. Von A. Witting. (Bd. 48.)
Einführ. i. d. Nomographie. Von P. Luckey. 2. Aufl. I. Die Funktionsleiter. (Bd. 28.) II. Die Zeichnung als Rechenmaschine. (37.)
Theorie und Praxis des logarithm. Rechenstabes. V. A. Rohrberg. 3. Aufl. (Bd. 23.)
Mathem. Instrum. V. W. Zabel. I. Hilfsmittel u. Instrum. z. Rechn. II. Hilfsmitt. u. Instrum. z. Zeichnen. [U. d. Pr. 1926.] (Bd. 59 und 60.)
Die Anfertigung math. Modelle. (Für Schüler mittl. Kl.) Von K. Giebel. 2. Afl. (Bd. 16.)
Elementarmathematik. Einführung. Eine Sammlung elementarmath. Aufgaben m. Bezieh. z. Technik. Von R. Rothe. (Bd. 54.)
Finanz-Mathematik. (Zinseszinsen-, Anleihe u. Kursrechnung.) Von K. Herold. (Bd. 56.)
Riesen und Zwerge im Zahlenreiche. Von W. Lietzmann. 2. Aufl. (Bd. 25.)
Geheimnisse der Rechenkünstler. Von Ph. Maennchen. 3. Aufl. (Bd. 13.)
Wo steckt der Fehler? Von W. Lietzmann und V. Trier. 3. Aufl. (Bd. 52.)
Trugschlüsse. Gesammelt von W. Lietzmann. 3. Aufl. (Bd. 53.)
Die Quadratur d. Kreises. Von E. Beutel. 2. Aufl. (Bd. 12.)
Das Delische Problem. (Die Verdopplung des Würfels.) Von A. Herrmann. (Bd. 68.)
Mathematiker-Anekdoten. Von W. Ahrens. 2. Aufl. (Bd. 18.)
Die Fallgesetze. Von H. E. Timerding. 2. Aufl. (Bd. 5.)
Atom- und Quantentheorie. Von P. Kirchberger. (Bd. 44 und 45.)
Ionentheorie. Von P. Bräuer. (Bd. 38.)
Das Relativitätsprinzip. Leichtfaßlich entwickelt von A. Angersbach. (Bd. 39.)
Drahtlose Telegraphie u. Telephonie in ihren physik. Grundlagen. Von W. Ilberg. (62.)
Optik. Von E. Günther. [In Vorb. 1926.]
Mathem. Himmelskunde. V. O. Knopf. (63.)

Weitere Bände befinden sich in Vorbereitung

VERLAG VON B. G. TEUBNER ⋆ LEIPZIG UND BERLIN

Teubners
kleine Fachwörterbücher

geben rasch und zuverlässig Auskunft auf jedem Spezialgebiete und lassen sich je nach den Interessen und den Mitteln des Einzelnen nach und nach zu einer Enzyklopädie aller Wissenszweige erweitern.

„Mit diesen kleinen Fachwörterbüchern hat der Verlag Teubner wieder einen sehr glücklichen Griff getan. Sie ersetzen tatsächlich für ihre Sondergebiete ein Konversationslexikon und werden gewiß großen Anklang finden." [Deutsche Warte.]

„Die Erklärungen sind sachlich zutreffend und so kurz als möglich gegeben, das Sprachliche ist gründlich erfaßt, das Wesentliche berücksichtigt. Die Bücher sind eine glückliche Ergänzung der Bände „Aus Natur und Geisteswelt" des gleichen Verlags. Selbstverständlich ist dem neuesten Stande der Wissenschaft Rechnung getragen." [Sächsische Schulzeitung.]

Bisher erschienen:

Philosophisches Wörterbuch von Studienrat Dr. P. Thormeyer. 3. Aufl. (Bd. 4.) Geb. M. 4.—

Psychologisches Wörterbuch von Privatdozent Dr. F. Giese. Mit 60 Fig. (Bd. 7.) Geb. M. 3.20

Wörterbuch zur deutschen Literatur von Studienrat Dr. H. Röhl. (Bd. 14.) Geb. M. 3.60

Musikalisches Wörterbuch von Prof. Dr. H. J. Moser. (Bd. 12.) Geb. M. 3.20

*****Kunstgeschichtliches Wörterbuch** von Dr. H. Vollmer. (Bd. 16.)

Physikalisches Wörterbuch von Prof. Dr. G. Berndt. Mit 81 Fig. (Bd. 5.) Geb. M. 3.60

Chemisches Wörterbuch von Prof. Dr. H. Remy. Mit 15 Abb. u. 5 Tabellen. (Bd. 10/11.) Geb. M. 8.60, in Halbleinen M. 10.60

*****Astronomisches Wörterbuch** von Dr. J. Weber. (Bd. 13.)

*****Geologisch-mineralogisches Wörterbuch** von Dr. C. W. Schmidt. 2. Aufl. Mit zahlr. Abb. (Bd. 6.)

Geographisches Wörterbuch von Prof. Dr. O. Kende. Allgem. Erdkunde. Mit 81 Abb. (Bd. 8.) Geb. M. 4.60

Zoologisches Wörterbuch von Direktor Dr. Th. Knottnerus-Meyer. (Bd. 2.) Geb. M. 4.—

Botanisches Wörterbuch von Prof. Dr. O. Gerke. Mit 103 Abb. (Bd. 1.) Geb. M. 4.—

Wörterbuch der Warenkunde von Prof. Dr. M. Pietsch. (Bd. 3.) Geb. M. 4.60

Handelswörterbuch von Handelsschuldirektor Dr. V. Sittel und Justizrat Dr. M. Strauß. Zugleich fünfsprachiges Wörterbuch, zusammengestellt von V. Armhaus, verpfl. Dolmetscher. (Bd. 9.) Geb. M. 4.60

*****Sportwörterbuch.** Unter Mitwirkung zahlreicher Sportsleute herausgegeben von Dr. H. B. Müller, Vorsitzender des Leipziger Sportclubs.

* [In Vorbereitung bzw. unter der Presse 1925]

Grundzüge der Länderkunde

Von Prof. Dr. A. Hettner. 2 Bde. m. 466 Kärtchen, 4 Taf. u. Diagr. i. T. I.: Europa. 3. verb. Aufl. Geh. M. 11.—, in Ganzl. M. 13.—. II.: Die außereuropäischen Erdteile. 1. u. 2. Aufl. Geh. M. 14.20, in Ganzleinen M. 16.—

„Hier haben wir das, was uns gefehlt hat, ein Buch von Meisterhand geschrieben, für die weiten Kreise der Gebildeten. Das Werk ist reich an neuen Gedanken. Ein Prachtstück ist z. B. der großartige Überblick über die politische Geschichte Europas vom geographischen Standpunkt gesehen." (München-Augsburger Abendzeitung.)

Allgemeine Wirtschafts- u. Verkehrsgeographie

Von Geh. Reg.-Rat Prof. Dr. K. Sapper. Mit 70 kartogr. Darst. Geh. M. 12.—

In diesem Handbuch, das die Weltwirtschaft und den Weltverkehr in ihrer heutigen Ausdehnung auf der ihnen von der Natur gegebenen Grundlage und in ihrem geschichtlichen und kulturellen Zusammenhange zur Darstellung bringt, werden Produktion, Handel und Verkehr über die ganze Erde hin verfolgt.

Anthropologie

Unt. Red. v. Geh. Med.-Rat Prof. Dr. G. Schwalbe u. Prof. Dr. E. Fischer. M. 29 Abb., Taf. u. 98 Abb. i. T. (Die Kultur d. Gegenw., hrsg. v. Prof. Dr. P. Hinneberg. Teil III, Abt. V.) M. 26.—, geb. M. 29.—, in Halbl. M. 34.—

Auf ihrem Gebiete führende Forscher haben sich in dem großangelegten, mit zahlreichen Originalabbildungen ausgestatteten Werke zu einer Gesamtdarstellung der Anthropologie, Völkerkunde und Urgeschichte zusammengefunden, der nach ihrem wissenschaftlichen Werte und ihrer Bedeutung für die Allgemeinheit nichts Gleiches an die Seite gestellt werden kann.

Physik

Unt. Red. v. Hofrat Prof. Dr. E. Lecher. 2. verb. u. verm. Aufl. Mit 116 Abb. (Die Kultur d. Gegenw., hrsg. v. Prof. Dr. P. Hinneberg. Teil III, Abt. III, Bd. 1.) Geh. M. 34.—, geb. M. 36.—, in Halbleder M. 40.—

Das Erscheinen einer Neubearbeitung des Bandes, der eine für den Fachmann wie den für physikalische Probleme interessierten gebildeten Laien gleich wertvolle Darstellung gibt, wird bei der zunehmenden Bedeutung, die die Physik für viele Gebiete wie für die Ausgestaltung und Vereinheitlichung unseres Weltbildes gewonnen hat, besonders begrüßt werden, um so mehr als sich in ihr zahlreiche namhafte Physiker Deutschlands wieder mit den bedeutendsten Vertretern des Auslandes in gemeinsamer Arbeit vereinigt haben.

Teubners Naturwissenschaftliche Bibliothek

„Die Bände dieser vorzüglich geleiteten Sammlung stehen wissenschaftlich so hoch und sind in der Form so gepflegt und so ansprechend, daß sie mit zum Besten gerechnet werden dürfen, was in volkstümlicher Naturkunde veröffentlicht worden ist." (Natur.)

Verzeichnis vom Verlag, Leipzig, Poststraße 3, erhältlich.

Mathematisch-Physikalische Bibliothek

Hrsg. v. W. Lietzmann u. A. Witting. Jed. Band M. 1.—, Doppelbd. M. 2.—

=== Band 50 ===

Der Gegenstand der Mathematik im Lichte ihrer Entwicklung

Von Oberstudienrat Dr. H. Wieleitner

Das 50. Bändchen der Bibliothek will einen Überblick über das Gesamtgebiet geben, für das sie seinerzeit begründet wurde. Es will aufzeigen, wie die heutige Mathematik geworden ist und was sie will. Der hierzu besonders berufene Verfasser weiß in anschaulicher Weise die sachliche mit der geschichtlichen Entwicklung zu verbinden. Er läßt den Leser, der keiner besonderen Vorkenntnisse bedarf, zunächst das ganze Gebiet überschauen, um ihn dann, von der ja schon hoch entwickelten Mathematik der Griechen ausgehend, der modernen Mathematik zuzuführen und diese in ihren Hauptgebieten: Algebra, Geometrie und höherer Analysis näher zu betrachten. Zum Schluß wird in einem „Mathematik und Wirklichkeit" überschriebenen Kapitel gezeigt, wieso eine Anwendung der Mathematik auf die Naturerscheinungen möglich ist und in welcher Art sie erfolgt.

Vollständiges Verzeichnis vom Verlag in Leipzig, Poststraße 3, erhältlich

Verlag von B. G. Teubner in Leipzig und Berlin

Künstlerischer Wandschmuck für Haus und Schule

Teubners Künstlersteinzeichnungen

Wohlfeile farbige Originalwerke erster deutscher Künstler fürs deutsche Haus. Die Sammlung enthält jetzt über 200 Bilder in den Größen 100×70 cm (M. 10.–), 75×55 cm (M. 9.–), 103×41 cm bzw. 93×41 cm (M. 6.–), 60×50 cm (M. 8.–), 55×42 cm (M. 6.–), 41×30 cm (M. 4.–). Geschmackvolle Rahmung aus eigener Werkstätte.

Neu: Kleine Kunstblätter

24×18 cm je M. 1.–. Liebermann, Im Park. Ptenhel, Am Wehr. Hecker, Unter der alten Kastanie und Weihnachtsabend. Treuter, Bei Mondenschein. Weber, Apfelblüte. Herrmann, Blumenmarkt in Holland.

Schattenbilder

K. W. Diefenbach „Per aspera ad astra". Album, die 34 Teilb. des vollst. Wandfrieses sortlaufend wiederg. (20½×25 cm) M. 15.–. Teilbilder als Wandfriese (80×42 cm) M. 5.–, (35×18 cm) je M. 1,25, auch gerahmt in versch. Ausführ. erhältlich.

„Göttliche Jugend". 2 Mappen, mit je 20 Blatt (34×25½ cm) je M. 7,50. Einzelbilder je M. –.60, auch gerahmt in versch. Ausführ. erhältlich.

Kindermusik. 12 Blätter (34×25½ cm) in Mappe M. 6.–, Einzelblatt M. –.60.

Gerda Luise Schmidts Schattenzeichnungen (20×15 cm) je M. –.50. Auch gerahmt in verschiedener Ausführung erhältlich. Blumenorakel. Reifenspiel. Der Besuch. Der Liebesbrief. Ein Frühlingsstrauß. Die Freunde. Der Brief an „Ihn". Annäherungsversuch. Am Spinett. Beim Wein. Ein Mätchen. Der Geburtstag.

Friese zur Ausschmückung von Kinderzimmern

Neu: „Die Wanderfahrt der drei Wichtelmännchen." Zwei farbige Wandfriese von M. Ritter. 1. Abschied – Kurze Rast. 2. Hochzeit – Tanz. Jeder Fries mit 2 Bildern (103×41 cm) M. 6.–

Ferner sind erschienen Hermann: „Aschenbrödel" u. „Rotkäppchen"; Bauernfeind: „Der gestiefelte Kater" u. „Hänschen"; Rehm-Vietor: „Schlaraffenleben", „Schlaraffenland", „Englein z. Wacht" u. „Erglein z. Hut" (103×41 cm, je M. 6.–); Orlik: „Hänsel und Gretel" u. „Rübezahl" (75×55 cm je M. 9.–)

Rudolf Schäfers Bilder nach der Heiligen Schrift

Der barmherzige Samariter, Jesus der Kinderfreund, Das Abendmahl, Hochzeit zu Kana, Weihnachten, Die Bergpredigt (75×55 bzw. 60×50 cm). M. 9.– bzw. M. 8.–.

Diese 6 Blätter in Format 36×28 unter dem Titel **Biblische Bilder** in Mappe M. 4,50, als Einzelblatt je M. –.75

Karl Bauers Federzeichnungen

Charakterköpfe zur deutschen Geschichte. Mappe, 32 Bl. (36×28 cm) M. 5.–
12 Bl. M. 2.–
Aus Deutschlands großer Zeit 1813. In Mappe, 16 Bl. (36×28 cm) M. 2.50
Führer und Helden im Weltkrieg. Einzelne Blätter (36×28 cm) M. –.50
2 Mappen, enthaltend je 12 Blätter, je M. 1.–

Teubners Künstlerpostkarten

Jede Karte M. –.1[?]
Jede Karte unter Glas mit sch[...]
in feinen Holzrähmchen stetig o[...]
Ausführlicher Wandschmu[...]
Porto vom [...]

Verlag von B. [G...]

MIX
Papier aus verantwortungsvollen Quellen
Paper from responsible sources
FSC® C105338

If you have any concerns about our products,
you can contact us on
ProductSafety@springernature.com

In case Publisher is established outside the EU,
the EU authorized representative is:
**Springer Nature Customer Service Center GmbH
Europaplatz 3, 69115 Heidelberg, Germany**

Printed by Libri Plureos GmbH
in Hamburg, Germany